U0155925

下 卷

食物改变历史

佐餐衍变影响的文明进程

罗格 著

中国工人出版社

图书在版编目（CIP）数据

食物改变历史.下卷,佐餐衍变影响的文明进程／罗格著.
—北京：中国工人出版社，2022.3
ISBN 978-7-5008-7893-3

Ⅰ.①食… Ⅱ.①罗… Ⅲ.①饮食—文化史—中国 Ⅳ.①TS971.202

中国版本图书馆CIP数据核字（2022）第027552号

食物改变历史.下卷,佐餐衍变影响的文明进程

出 版 人	王娇萍	
责任编辑	刘广涛	
责任印制	黄 丽	
出版发行	中国工人出版社	
地 址	北京市东城区鼓楼外大街45号 邮编：100120	
网 址	http://www.wp-china.com	
电 话	（010）62005043（总编室） （010）62005039（印制管理中心）	
	（010）62379038（社科文艺分社）	
发行热线	（010）82029051 62383056	
经 销	各地书店	
印 刷	天津中印联印务有限公司	
开 本	710毫米×1000毫米 1/16	
印 张	17.25	
字 数	252千字	
版 次	2022年4月第1版 2022年4月第1次印刷	
定 价	78.00元	

自　序

我出生在中国江南的一个小小盆地中。

在自己的记忆中，成年之前，我几乎不知辣为何物。直到离家求学，我的味觉仿佛突然打开了新世界的大门，红的绿的辣椒，给舌头带来的微微刺痛感，让百种菜肴的滋味焕然一新，那股火热激得额头冒汗，仿佛醍醐灌顶。

对于这一点，我的父亲是不以为然的。他告诉我，江浙一带"自古以来"口味清淡而嗜甜——这是属于他和他的父辈的记忆——在他的眼里，今天的年轻人热爱吃辣，完完全全是受了内陆地区同胞的影响。

然而，当我打开历史的记忆才愕然发现，中国最早记载辣椒这种舶来品的笔记，就是浙江钱塘（今杭州）人写的，而最早记录辣椒食用价值的地方志，则是康熙年间浙江山阴（今绍兴）的县志；同样从地方志的记载来看，沿长江溯游而上，湖南相比四川更早形成了食辣区；中国主要食辣区的湖南、四川同胞，至今还称辣椒为"海椒"，这背后正是辣椒由海路舶来、随后向内陆扩散的证据。

辣椒的谜题驱使着我的好奇心，继而发现了更为有趣的事：辣椒的到来，竟与明代东南倭患息息相关，大航海时代、明葡战争、争贡之役、万历朝鲜战争，那个时代的种种事件和其中的人，如同海量的信息储存在辣椒这个小小的"U 盘"里，等待着我们重新读取它。

也是从这里开始，我开始搜寻着这样的"U 盘"，尝试着像侦探那样，把看似各自纵向发展的事件一一串联起来，而后得到了本书中的一个个小故事。其中的每个故事，只是历史的一个小小切片，从肉类、蔬菜、油脂、调味、香料、饮馔等小小的食物的角度，尝试探寻它们在我们历史的关键时期所扮演的关键角色，厘清食物给人类伏下的草蛇灰线，能够为理解"我们从哪里来"提供一个新的视角。

主粮提供给我们碳水化合物，是我们赖以生存的能量的主要来源，而肉类、蔬菜、油脂、调味、香料、饮馔等副食，不仅满足了农业革命后人类对营养丰富性的需求，也是中国出神入化的烹饪技艺的基础，它们构成了我们生活的千变万化，影响着我们饮食风尚的形成。

例如，豆腐。作为中国人独特的食物，自从豆腐在五代末第一次出现在史籍中以后，大豆就逐渐脱离了主粮的行列，豆腐则成为中国人餐桌上经久不变的一道家常菜。人民困顿的饮食生活里如此缺乏色彩，动物蛋白总在九霄云外，豆腐和豆制品，化作贫瘠餐桌上的一道道光，熠熠生辉。

更为重要的是，豆腐和豆制品，改善了大豆粒食的口感、营养吸收问题，提供了廉价的植物蛋白，为这片土地上容纳下更多的人口提供了一个重要的补充条件。而充分供给的劳动力和消费者，继而创造出了有宋一代的繁华，也是在这一派车水马龙的熙熙攘攘中，"旧时王谢堂前燕"，终于真正飞入了寻常百姓家。

除了中国人用自己的智慧发明的食物之外，作为一个雄踞世界东方的大陆国家，在数千年的历史上，我们的祖辈从未停止过发现、引入新的食物。胡椒、胡萝卜、核桃、黄瓜、葡萄、西瓜、番茄、花生……从汉唐交通西域连接欧亚大陆，到宋元"海上丝绸之路"贸易繁盛，再到明清之际的地理大发现和全球贸易网的形成，奔流于商路上的，除了丝绸与瓷器之外，还有许许多多食物，而它们也见证着一个个关键的历史瞬间。

这些食物促进或制约着贸易的繁荣，推动或阻碍着交流的便利，像蔗糖、胡椒、茶叶等食物，甚至成为全球商路上的硬通货，在它们的参与下，经济、政治和社会之变，也随之发生。

陆羽的一册《茶经》令长安一时纸贵。很快，对于茶叶的喜爱，从中原播撒到了天山脚下和雪域高原。随着文明之间的战争迷雾在这块陆地上消散殆尽，四方的游牧民族与中原农耕民族第一次发现，原来有茶这样一种饮料，可以让双方好好地坐下来，谈谈买卖，互通有无，让彼此从陌生到熟悉，从认同到融合。

更进一步说，一些特定的食物，在某一个关键的时间节点上，它们价值的利用方式，会引发无法预测的转变。莉齐·克林汉姆在《饥饿帝国》中这样描绘着殖民地食物给英国带来的改变："英国处于巨大的贸易帝国的中心，而食品促进了商业的转向。"这种改变也同样发生在中国。

由于郑和七次下西洋带回大量的胡椒和苏木，明宣宗朱瞻基在户部建议下，正式定下胡椒折俸的具体规定。随着"进口商品"胡椒总量的大幅增加，市场上对应的货币供应量的缺口可能进一步扩大。宣德年间，市场上几乎所有的物价，都达到了历史的最低位置。而这只蝴蝶扇动的翅膀，很有可能加速了欧洲的货币流出，进而影响了中国瓷器出口，出现了 15 世纪中国瓷器出口的"明代空窗期（the Ming Gap）"。

再到近代时，一个来自近代美国的大花生新品种，随着第二次鸦片战争后的国门洞开，登陆中国的儒家圣地山东生根发芽。中日甲午战争后，在列强对华资本输出的时代背景下，花生成为帝国主义从中国掠夺的重要农产品原料，也是帝国主义向中国输出资本的绝佳投资标的之一。它见证着曾经处于自然农业经济蒙昧中的中国，如何被迫卷入世界贸易的惊涛骇浪中；也将会为这个民族从屈辱和压榨中一步步走向觉醒、最终爆发出五四的呐喊，留下一个生动的注脚。

肉类、蔬菜、油脂、调味、香料、饮馔，这些我们通常称为副食的食物，和主食带来的影响不尽相同。它们储存的故事，往往和交流、贸易息息相关。如果说主食意味着一个民族生存最基本的安全线，那么在许多副食身上，我们也可以看到一个民族发展的过程中，如何吸收外来因素，并为己所用——

当我们秉承开放包容的心态时，食物这条纽带会让天堑化为通途；当我们盲目自傲，食物也会变成自闭的藩篱——殊不知，舌头的记忆也是会骗人的，"传统美食"可不一定就是中华本土特产。我们民族的兴旺，除了先民们的伟大创造，也来源于他们勇于在交流中学习、利用、改造，最后达成共赢，这也是民族自信和自强的一部分。

回到关于辣椒的故事。在大航海时代，葡萄牙人在美洲见到了辣椒。而一个中国的海盗首领，把发现了辣椒的葡萄牙人介绍给了日本。1554 年（明嘉靖三十三年），也就是葡萄牙人向日本大名献上辣椒的两年后，浙江巡按御史、肩负东南抗倭重责的胡宗宪，有心招抚那位海盗首领——王直。他的幕僚唐枢呈上了一份长篇咨文，希望接受王直"开港互市"的请求。唐枢在文中留下的一句话，或许在今天依然可以殷鉴：

"切念华夷同体，有无相通，实理势之所必然。"

目 录

001
古人吃野味的上半部和下半部

018
香油，令檞橼灰飞烟灭的魔鬼

030
一粒盐成为扭转大唐的命运之轮

055
爱吃羊肉的赵宋官家，最终吃空了社稷

071
豆腐为中国人打开了新世界的大门

096
白菜发动的弑"君"之战

109

郑和带回的胡椒，引发了全球性"通货紧缩"？

125

辣椒，命运之神给明王朝最后的红灯

142

一口猪肉见证明清如何陷入"内卷化"

163

茶，禁锢中央帝国的"绿色藩篱"

193

茶叶和罂粟的兵戎相见

210

一粒花生见证中国从衰弱到觉醒

232

蔗糖："人间海伦"引发的"世界大战"

248

一场狂热和百年"蜜战"

259

参考文献

古人吃野味的上半部和下半部

进入农业时代的人类，成功地将少数几种动物驯化成了家禽和家畜，同时也猎杀野生动物以补充口腹之需。在中国，"野味"不只是一种生活必需品，而且随着时光的脚步，变成了一种文化，还为此留下了诗篇和美文。

但与此同时，病毒也一次次通过野生动物的身体进入了"野味爱好者"的嘴巴，突破了从山野到人间这最后一道防线。究竟是怎样的动机，让野味成为中国人念念不忘的"珍味"？

1671 年（清康熙十年），李渔的《闲情偶寄》问世。这位一生不仕的文学家、戏剧家，同时也是一位休闲文化的倡导者。他将自己艺术和生活经验，总结成了这部生活艺术大全、休闲百科全书。在这本书中，李渔还特意为野禽和野兽开了一个小题，并将这一小题纳入了"颐养"的范畴，他总结道：

野味不如家养动物的地方，在于肉不够肥；野味之所以比家养的动物味道好，则是因为它香。家养动物之所以肥，是因为不用自己觅食，而安然等人喂养。野味之所以香，是因为以草木为家，行动自由。不管是肥的

⊗ 《乾隆皇帝弋凫图》轴

清 乾隆时期 郎世宁等绘。此画是乾隆皇帝狩猎的系列画作之一。画中描绘的是乾隆皇帝弯腰射野鸭的
场景。

还是香的，都会被人吃掉，倘若二者不能兼有，就舍弃肥腻，而选取香的吧（明清·李渔·《闲情偶寄·颐养部》）。正是这种"肉是野生的香"的认知，进一步加深了人们对野味的迷恋。

在明清交替之际，中国人对野味的追求，终于完成了从原始生活必需到文化认同的转变。野味的"味美"与"滋补"，成了一种正确而又强调的符号。

然而打开历史，我们会发现另一个沉重的现实：野生动物从祭坛上一步步走进世俗凡间，并成为中国人念念不忘的"珍味"，它们在丰富了餐桌的同时，也不断伴生着疫病的风险。

人们在一边津津乐道文人雅士对野味之"美"与"补"的观点，一边把食用野味当作一种"文化"的时候，早把那些血淋淋的病例、医药学家的秉笔直书，忘在了脑后。

礼乐时代：周天子食野味，庶人食菜

公元前532年，流落在鲁国的孔子，抱上了自己的儿子。鲁昭公得知后，派人给孔子送去了一尾大鲤鱼庆贺。作为落魄的宋国贵族后代，这是符合孔子贵族身份的礼物，他很开心，并给儿子起名为鲤。

在孔子念念不忘的那个礼乐时代，每个人的吃穿用度都是有等级的。而最具代表性的，则是祭祀。春秋时，祭祀的等级是："天子举以大牢，祀以会；诸侯举以特牛，祀以太牢；卿举以少牢，祀以特牛；大夫举以特牲，祀以少牢；士食鱼炙，祀以特牲；庶人食菜，祀以鱼（先秦·左丘明·《国语·楚语下》）。"

而在周代祭祀中，各种肉食必不可少，其中就包括了各种野味：六兽——麋、鹿、熊、麕、野豕、兔；六禽——雁、鹑、鷃、雉、鸠、鸽。为了恭维太平盛世，周成王时，越裳国使者不远万里来进贡了白雉，以感恩中国出了圣人，而让天公很久没有动怒（《尚书大传》）。

雉（野鸡）

雁

兔

鹿

熊

 野生动物图集

选自《诗经名物图解》，细井徇绘。

当然，在生产力尚不发达的周代，庶民虽然只能"食菜，祀以鱼"，但日常还是少不了打猎，只不过小的猎物归自己，大的须送给宗族祭祀。类似熊掌这种珍席之首，只能由上层人士来享用。

但进入春秋战国时期，周天子的权威开始崩塌，也包括只有天子祭祀时才能享用的兽类和禽类。公元前 626 年，楚国太子商臣带兵发动政变，逼迫父亲楚成王自杀。楚成王为拖延时间，等待外兵救援，对儿子提出"请食熊蹯而死"——因为煮熊掌要废尽火力，耗延时日。礼乐崩坏之后，熊、鹿等野味也成为上层人士普遍享用的饮食珍品。

不过，到了魏晋门阀时代，饮食被肉食者们引向了另一个极端。西晋斗富第一人石崇，在家里吃的鸡蛋上都要雕画出图形，并经过染色（南北朝·杨衒之·《洛阳伽蓝记》）；而晋武帝司马炎的姐夫王济请客吃了"人乳蒸乳猪"，把司马炎也吓坏了；东晋门阀士族之间风靡的是牛心炙；"善识味"的符朗，能通过吃鹅肉知道哪块肉长白毛、哪块肉长黑毛（唐·房玄龄等·《晋书》）。

有意思的是，尽管南北朝时期的门阀士族们穷奢极欲，但他们的口舌之欲却远离野味，而更钟情于已驯化的家畜家禽。当古人成功地驯化了一部分动物，作为蛋白质和脂肪的主要来源后，似乎没有必要再大规模地猎杀野生动物以为口腹之需了。

然而，当历史从中古时代继续往前演进至唐宋近世时，我们却突然发现，人们口舌之欲的偏好又发生了变化。

唐宋以降，中国味蕾打开了新世界的大门

黄羊，亦称蒙古羚，在北国的丘陵、平原、草原和半荒漠地区，它们成群地飞奔在无人地带，因而在古时很少能被人捕捉。南北朝以前，中原汉民族很少深入北疆，也就难以见识黄羊的美味了。直到唐代国土开拓，与西域北疆各民族往来频繁，北陲各地均有中原人移居，黄羊作为一种猎

◎ 清 掐丝珐琅鹌鹑式香熏

北京故宫博物院藏。

食的肉品，开始进入华夏食馔。

不只黄羊。骆驼也是古代漠北及西陲常用的肉食资源，而骆驼常被食用的部位是蹄部和峰部。

随着疆域的拓展，奔驰游走在草原上、为游牧民族增添肉食生活丰富度的野生动物，仿佛突然打开了中原汉民族的味蕾。唐宋以降，文人们在诗作中歌咏野味美食的篇章越来越多，从官员到普通老百姓，都开始大唼野味。

在周天子的时代，鹌鹑这种野味本来是上大夫才能享用的食物。随着时间的推移，这种野味开始"礼贤下士"。唐代的韦巨源举办的"烧尾宴"里，就有一道炙活鹑子。996年（北宋至道二年），发生了一件奇闻：这年的夏秋之间，汴京人流行起了吃鹌鹑。进城兜售鹌鹑的小贩们，用大车载着整车的鹌鹑，拥挤到了坊市口，一只鹌鹑只卖到两文钱（宋·孔平仲·《谈苑》）。

萌发于南北朝、成形于唐代的科举制度，极有可能在这其中起到了推动社会风气形成的作用。既然朝政不再只由豪门士族把持，庶族寒门子弟

◎ **卖鹌鹑**

选自《清国京城市景风俗图》。

通过科举也能够入仕做官。那么，在中古时代，那些将上等野味和祭祀传统结合起来的"礼乐"隔膜，也就不复存在了。

捕猎、食用野味，从此渐渐走向"世俗化"。而作为例证之一，就是我们今天极为熟悉的果子狸。

从唐代起，人们就开始注意到果子狸的美食价值，认为"洪州有牛尾狸，肉甚美"（唐·段成式·《酉阳杂俎》）；到了宋代，果子狸更成为不断向南迁徙的人们追逐的野味。

当时，果子狸主要活动于南方温湿多林地带，浙江、江西和云南出产尤多。由于果子狸在冬季达到肥满，大雪降临时，人们就开始成群结队地持械入山，大肆搜捕这种野生动物。冬季的江南植被稀疏，果子狸难以充分隐身，因而被猎取者甚多。杭州临安籍的官员洪咨夔更是将这一幕描述为"何日明猎火，吞尽楚青丘"（《平斋文集·谨和老人赋牛尾狸》）。

当然，吃野味这种事，少不了著名的"吃货"苏轼。1079年（北宋元丰二年），42 岁的苏轼从"乌台诗案"中脱身，被贬往黄州（今湖北黄冈）。为了感谢黄州太守徐君猷对他的照顾，冬日里，雪花乱飞，苏轼带着一只果子狸，和徐君猷把酒言欢，消散贬谪愁苦（宋·苏轼·《送牛尾狸与徐使君》）。

宋元以后，陆续来到中国的西方旅行者们，在感叹中国地大物博、了解中国人生活习惯的同时，也注意到了人们好吃野味的习惯。他们的字里行间充满了惊诧之情。

意大利人马可·波罗在旅行中就发现，在杭州，人们吃狗肉、野兽肉和各种动物肉。在福州，当地人什么样的野兽肉都吃。

16 世纪，葡萄牙人加斯帕·达·克路士来到广州，他详细地描写道："他们也吃蛙，蛙是养在门口的大水盆中出卖，售卖的人要负责剥开。在极短时间内，他们能剥一百只。"（葡萄牙·克路士·《中国志》）大约两个世纪后，瑞典博物学家彼得·奥斯贝克来到广州，当地人用绳子串着青蛙叫卖，而且把它们当作最可口的食物，仍让他感觉到新奇（瑞典·奥斯贝克·《中国和东印度群岛旅游记》）。

吃野味从"世俗化"走向"理论化"

走过食用野味"世俗化"的时代，跨入近世后，中国食用野味在明清时期进一步被"理论化"了。

"八珍"一词，来自《周礼·天官》"珍用八物""八珍之齐"，是指淳熬（肉酱油浇饭）、淳母（肉酱油浇黄米饭）、炮豚（煨烤炸炖乳猪）、炮牂（煨烤炸炖羔羊）、捣珍（烧牛、羊、鹿里脊）、渍珍（酒糖牛羊肉）、熬珍（类似五香牛肉干）和肝膋（网油烤狗肝）——除了鹿比较接近野味之外，其他的都是来自家畜。

到了元代，有了"迤北八珍"，包括"醍醐、麆吭、野驼蹄、鹿唇、驼乳糜、天鹅炙、紫玉浆、玄玉浆"（元·陶宗仪·《辍耕录》），变成了包括

⌂ 狸

　　果子狸。选自《诗经名物图解》，细井徇绘。

◎ 卖野鸭、野兔子

选自《清国京城市景风俗图》。

多种野味在内的食材；到了明代，"八珍"包括龙肝、凤髓、豹胎、鲤尾、鸮炙、猩唇、熊掌、酥酪蝉（明·张九韶·《群书拾唾》）。可见对于野味食材，人们已经有了不切实际的想象。

清代更加详尽，分别有"参翅八珍""山水八珍"，以及满汉全席中的山、海、禽、草等"四八珍"。其中，驼峰、熊掌、猴头、猩唇、象拔（象鼻）、豹胎、犀尾、鹿筋、红燕、飞龙、彩雀、斑鸠、红头鹰，各种野生飞禽走兽不一而足，花色品种越来越多。

不仅如此，这些野味食材还在各种专著中被进一步标注了药用和养生价值。除了《饮膳正要》等著作总结了越来越丰富的烹饪手法之外，更为权威的专著是在明代，即李时珍的《本草纲目》。

李时珍说，虎肉味酸，有土气，但主治恶心呕吐，益气力，可以治疗寒战、高热、出汗等；象肉肥脆，味淡而滑，利于开五窍，煮成汤汁，治小便不通；鹌鹑肉味甘性平，可补五脏，益中续气，实筋骨，耐寒暑，消结热；熊掌可除风健脾胃、御风寒、益气；穿山甲可以活血散结，通经下乳，消肿排脓……

基于野禽、野兽更美味，同时又有药用和养生价值的理念，在明清时期，赞美野味和传授烹调方法的笔记内容也数不胜数。不管是陆容的《菽园杂记》，还是袁枚的《随园食单》，这些知识分子的言论，更是在文化上，推动着食用野味日渐兴盛、野味食材的烹饪方法日渐成熟。

既然野味有着药用和养生价值，那么，人们的身体更棒了吗？

被忽略的"李时珍警告"

1094 年（北宋绍圣元年），苏轼被贬至惠州（今广东惠阳）。惠州之行，他只带了儿子苏过、小妾朝云和一个老仆，一个厨师。心灰意懒的苏轼开始着手在惠州盖新房，然而，房子还没盖好，朝云却病倒了。

关于朝云之死，其实还有另一种鲜为人知的记载："广南食蛇，市中鬻蛇羹，东坡妾朝云随谪惠州，尝遣老兵买食之，意谓海鲜，问其名，乃蛇也。哇之，病数月，竟死。"（《萍洲可谈》）记录这个故事的朱彧是北宋地理学家，而他的父亲朱服，在广州任知州时，就曾"诣交轼、辙，密与唱和"，并因此获罪被贬到泉州，再被贬到蕲州。

朝云之死，令人不得不怀疑"病从口入"。由于古人认知的局限，只有食用野味后立即染上重疾的个例，才会引起重视而被记录。

1751 年（清乾隆十六年）春天，为了迎接皇帝南巡，杭州有司在凤凰山顶建亭阁，以备皇帝登临。在破土动工时，人们发现了一个地下水池，里面还有鱼，形状类似鲤鱼却没有眼睛。两个石匠就将鱼煮食了，发现这鱼肉嚼起来像麻筋，毫无鱼味。不料吃完之后，两人就浑身浮肿。次日，一人皮肤碎裂，流黑血而死，另一人虽经过抢救而活了下来，但身上的皮肤却变得和鱼鳞一样（清·徐承烈·《听雨轩笔记》）。

不知是无意间的疏忽，还是刻意地视而不见，在浩浩荡荡的食用野味的"理论"海洋中，野味与疾病之间存在关联性的意见却很少被重点突出。

事实上，李时珍虽然在《本草纲目》中记载了很多有食用和药用记录的野味，但同时也总结了很多"不能吃"的野味：孔雀肉味咸、凉，有小毒，人食其肉者，自后服药必"不效"；鸳鸯食后头痛，可变成终身疾病；野马"肉味辛、苦、冷、有毒"，多吃会"生疮患痢"；甚至一直受到推崇的熊肉，也是"有痼疾者不可食"。

除了这些之外，李时珍还特别针对人们对蝙蝠的错误认知，秉笔直书。他从宋代李石的《续博物志》中找到案例，唐代陈子真得到一只大如鸦的

⊘ 蛇

选自《诗经名物图解》，细井徇绘。

《元人射猎图》

此画描绘的是元人野外狩猎的场景，画中元人各骑一马，各司其职。有的弓箭傍身，正在寻找猎物；有的手持刚刚猎得的猎物；有的策马狂奔追逐猎物。画面构图和谐，虚实有度。美国克利夫兰艺术博物馆藏。

白蝙蝠，吃过之后，才过一晚就大泄而亡。李时珍忠告道，蝙蝠用来治病还行，但绝对不可食用，说它无毒而且久服喜乐无忧的，都是误后世之言；更有说吃了它能让人不死的，那是"方士诳言"（明·李时珍·《本草纲目·四十八卷》）。

野味与疫情，巧合还是必然？

在野味被赞美的同时，疫病也在逐渐变得频繁起来。

尽管中国古代很少有医学记录，明确表明哪一次疫情是由于野味引发，但随着宋代中国南方的进一步开发，大规模疫情的发生频率确实在不断提升。

1124 年（北宋宣和六年），中国人口增至 1.26 亿，历史上人口的第一次破亿。而到明代，特别是清代，无论是在东南的浙江、江西、安徽，还是中部的湖南、湖北，四川盆地、巴山、秦岭所在的陕南地区，甚至还有台湾，许多过去荒无人烟的山区，逐渐被新来的移民开垦出来。也正是在这个时期，中国的人口进入了真正的爆炸式增长时期。

山地深箐的不断开发、耕地的不断拓展、人口的不断增殖，可想而知的结果是，人口和经济的增长提高了居住密集度，人与野生动物对生存空间的争夺更加尖锐，人们在生活中与野生动物的接触越来越密切。比如，江南地区是两宋时代的一个疫病高发区域，温暖湿润的自然环境、密集的人口、频繁的人口流动和信巫不信医的民间信仰，都为致病微生物的滋生和传播提供了便利的条件。

而根据邓拓《中国救荒史》一书对中国古代疫情次数的不完全统计，秦汉发生过 13 次，魏晋发生过 17 次，隋唐发生过 17 次，两宋发生过 32 次，元代发生过 20 次，明代发生过 64 次，清代发生过 74 次——随着时间的推移，中国古代历代疫情爆发呈增长态势。

◎《村医图》

　　又名《灸艾图》，南宋 李唐。图中是大夫用艾灸治病的画面。台北故宫博物院藏。

吃野味的背后，都写满了"宁有种乎"

事实上，现代医学研究表明，自然界中很多的野生动物都是某些细菌、病毒和寄生虫的中间宿主，野生动物与人的共患性疾病有 100 多种，如炭疽、狂犬病、结核、鼠疫、甲肝等。

如果说，在生活条件较差、极度缺乏蛋白质和脂肪摄入的过去，偶尔补充一点野味肉食是维系生命所需，那么当下这个时代，有些人则用吃野味这种"无畏"的方法，去彰显身份、提高"生命的质量"，这存在一个误区，即野味越野越有营养，越珍奇越大补，越是"绿色环保"、无污染的。

或许，在这些人的内心深处，仍保留着 2000 年来吃野味"世俗化"的祖先记忆，每当他们面对野味菜肴食指大动的时候，脑子里响起的可能是那句"王侯将相宁有种乎"——你们看，王侯将相才能吃的野味，如今我也能吃上。

人们在一边津津乐道李渔、袁枚对野味之"美"与"补"的观点，一边把食用野味当作一种"文化"的时候，早把李时珍的秉笔直书忘在脑后、藏在深处，对野生动物本身可能携带致病微生物和寄生虫视而不见。所以，这才有源源不断的盗猎，才有生生不息的野味市场，也才有一次又一次因为食用野生动物，而引发的疫病。

大夫诊脉

药铺买药

香油，令墙橹灰飞烟灭的魔鬼

尽管今天的人类对油脂又喜又怕，但毋庸置疑，油脂是人体所必需的营养物质。在汉代以前，中国人认识和利用更多的仍然是动物油脂。甚至连"油"这个汉字，起初都与脂肪无关。

西汉时期，农耕民族与游牧民族经过一连串的攻守之后，双方的控制线稳定在了那条看不见的 400 毫米等降水量线上。华夏大地分成了东南与西北两大半壁，不同的自然环境造就了不同的农业生产结构，植物油脂的利用也便自然地提上了日程：

一个惊人的巧合是，随着"丝绸之路"这条横跨不同文明的大陆桥被打通，在南亚次大陆被驯化的芝麻来到中国，接踵而来的三国故事就连篇累牍地写满了"火攻"二字……

280 年（吴天纪四年、西晋咸宁六年，庚子）三月十五日，东吴末代君主孙皓站在建业城外躬身献城时，目睹兵甲满江、旌旗遮天、沿长江而下的晋军楼船，无论如何也想不到，三分天下的岁月，竟是由 72 年前的长江大火为始，又以 72 年后的长江大火而终。

此前一年（279 年）的十一月，晋武帝司马炎下令发兵 20 万人，分 6

路进军伐吴。龙骧将军王濬从益州出兵，带水军沿江而下。为了阻挡王濬水军继续前进，吴军在长江水道的险要地带布置拦截战船通过的铁锁，并在江中暗置丈余长的铁锥，希望借此巩固赖以生存的长江防线。

得悉这道防线利害的王濬，放出超大型木筏，顺流直下带走了江中的铁锥；又将"长十余丈，大数十围"的火炬灌入麻油，放在船前，遇到铁索阻拦就点燃火炬，熊熊大火只在极短的时间内就将铁索熔化成液体而断开，于是，战船毫无阻碍地突破了吴军的长江防线（唐·房玄龄·《晋书·王濬传》）。

208 年（东汉建安十三年）冬天赤壁大火的胜负手，一举逆转。天道好轮回，苍天饶过谁。

有意思的是，助王濬舰队突破长江天堑的助燃剂"麻油"，极有可能就是今天我们用来凉拌烹调的"芝麻油"或者叫作"香油"。而它的到来，助推了中国大地上的战争形态进化。而后，也正是由于它的退隐战场，才催

⊚ 晋武帝司马炎

选自《历代帝王图卷》，唐代阎立本绘。美国波士顿美术馆藏。

化出了中国近世的"餐桌革命"。

跨过大陆轴线的陌生作物

尽管今天的人类对油脂又喜又怕，但毋庸置疑的是，油脂是人体所必需的营养物质。当狩猎时代的人们品尝了加热肉类而分泌出的油脂时，舌头就打开了新世界的大门。中国人最初发现和利用的，也是更容易获得的动物油脂。

在中国有文字记载以来，油脂最初被称为"脂"或"膏"。从没有角的动物中提取出来的叫膏，比如牛油、羊油称脂，猪油则称膏（汉·刘熙·《释名》）。另一种烹饪领域的解释是，凝固成固体的叫脂，溶化成液体的叫膏。

除了烹饪之外，动物膏脂还被用于助燃和照明，秦始皇陵中即"以人鱼膏为烛，度不灭者久之"（汉·司马迁·《史记·秦始皇本纪》）。直到此时，在中国文字中的"油"字，还是"流动、光润"的含义。

而早在 5000 年前，在喜马拉雅山脉另一端的印度次大陆上，原住民已经把野生的芝麻驯化为一种农作物，并经由印度河流域文明传播到了美索不达米亚文明，但在向东传播的征途上，它却被喜马拉雅山脉、南亚和东南亚的热带丛林挡住了前进的步伐。

同样，在大汉疆域这一侧，地少人众的矛盾，此时已经显现在少年天子刘彻的眼前。向外开拓更多的土地，使之纳入自己的疆域，是一个相对直接的选择。

公元前 139 年（西汉建元二年），一个名叫张骞的斥候，带着"远交近攻"的外交使命，从长安出发了。另一边，汉家男儿的兵锋越过长城，推进到了大漠，但这里并非汉家子弟们所属的风景。地广人稀的草原上缺少树木和水源，不像他们的家乡那样时而飘起雨滴，取而代之的则是风雪。

一条看不见的 400 毫米等降水量线，将华夏大地分成了东南与西北两

◎ 芝麻

选自柯蒂斯的《植物学》杂志。

大半壁。不同的自然环境造就了不同的农业生产结构，而农耕与游牧的差异——这里同样是不可逾越的天堑。这个传统农耕民族向四方跋涉开拓的征途，受阻于东面和南面的大洋、西面的高山和北面的荒漠。

公元前 126 年（西汉元朔三年），已经失去联络多年的大汉郎官张骞，终于逃亡回到长安。这一去 13 年，当初出发时百余人的使团，如今只剩下张骞和堂邑甘父两人。张骞的出使，并没有完成远交月氏、近攻匈奴的外交使命，却带回了西域大夏、安息多奇物的消息。公元前 119 年（西汉元狩四年）张骞第二次出使西域联络乌孙归来后，西汉王朝通往横贯欧亚非大陆的交通终于被打通，从此联结起了与中国不同的古文明。

正是在张骞以及后继者们的努力下，这条大陆桥通道的打开，让中国终于打开了全新的发展空间。而来自其他文明的陌生农作物，也找到了它们继续扩张的道路：

葡萄、苜蓿、石榴、芝麻等原产于其他文明土地上的农作物，沿着这条大陆桥纷至沓来。在小麦面粉烘焙成的面饼上撒上芝麻，成了长安街头流行的小吃（汉·刘熙·《释名·释饮食》）。

从此，新的科技之门被大汉子民打开了。

芝麻油"烧"出的三国史

虽然"五谷"中早有麻和菽这样的油料作物，但在这时，菽，也就是大豆，主要被用来粒食，作为主粮，而用杵臼杵一点油的大麻籽，出油量也颇为稀少。认识了芝麻的中国农民突然眼前一亮：这东西真是太好了，好种，产量高，味道香，还能促进土壤熟化。除了能直接食用芝麻籽仁之外，搭配自秦代以来开始广为运用的圆形磨，出油率也高得惊人。

从西汉开始，芝麻油就逐渐在油料作物中占据了主导地位；到东汉时期，地主庄园的农业生产计划中，芝麻已经是一种会被专门种植、用来出售的经济作物了（汉·崔寔·《四民月令》）。也正是从汉代开始，"油"字開始被用于指称提取自植物的油脂液体，"革轖髹漆油黑苍，室宅庐舍楼殿堂"（汉·史游·《急就篇》）。

由于动物膏脂毕竟昂贵，生芝麻榨出的油，由于具备助燃的特性，首先被普通百姓用在照明上。但很快，它就遭遇了一场长达一个世纪的混战。184年（东汉中平元年），就在那位热爱吃芝麻胡饼的汉灵帝（晋·司马彪·《续汉书》）治下，黄巾起义爆发了。

在冷兵器时代，火攻是所有作战手段中威力最大、效果最明显的一个。三国时期，战争的频繁程度大大超过前代，火攻的使用频率也大大增加，火攻的手段和方式也更丰富。从官渡到赤壁，从夷陵到合肥，不管是野战还是攻城阵地战，一次组织成功的火攻，往往能成为以弱胜强、扭转乾坤的制胜因素。恐怕历史上没有哪一个时代，能够让人对于火攻的印象如此深刻。

尽管在许多对战场的记述中，往往忽略火攻器具的描述，但我们依然还能在一些角落里发现蛛丝马迹。

208年（东汉建安十三年）冬十二月二十日深夜，数十艘"实以薪草、膏油灌其中，裹以帷幕，上建牙旗"的艨艟斗舰，向长江北岸飞驶而去，顷刻之间，烟炎张天（晋·陈寿·《三国志·周瑜传》）。在文字记载中，黄盖的突击船队装备的助燃物"膏油"，除了提炼自动物（可能是鱼油）之外，也有部分是提炼自植物。

234年（魏建兴十二年、吴嘉禾三年），孙权自领10万大军，准备第四次攻击合肥新城。但还没来得及摆开阵势，魏军守将满宠就带了数十人的前锋，"折松为炬，灌以麻油"，从上风处一把火烧了孙权的攻城器械，射杀了孙权的侄子孙泰（晋·陈寿·《三国志·满宠传》）。这一场火攻，和本文开头的伐吴之战一样，助燃物明确是"麻油"。

在芝麻未传入中国之前，植物油主要来自大麻仁与荏子。大麻位列古代"五谷"之一，但是，相比几种称为"麻"的油料作物，大麻仁的出油率几乎排在倒数（明·宋应星·《天工开物·膏液》）。而蓖麻引入中国，又是南北朝以后的事了（《康熙字典》："据《玉篇》【梁·顾野王】，由蓖麻之名"）。而出油率高达 45%~65%、又恰好在三国时代之前引种的芝麻，则是最为可能的火攻助燃物。

武库里的吊诡大火

也正是这 100 年间的无数场大火，让芝麻油成为最为重要的军事物资之一。在国家战略级的武库中，芝麻油也是常年储备，并且导致了一场空前绝后且诡异的巨大火灾。

295 年（西晋元康五年）闰十月初四夜，天气晴朗。晋都洛阳东北角的武库内，秩序如常。突然，有一排库房里冒出了滚滚浓烟，武库内的灭火人员迅速赶到，开始救火。但是，在武库储备的油料助燃下，大火腾空而起，火势猛烈，不一会儿便吞没了整排库房（晋·王隐·《晋书·五行志》）。

这一场大火，直烧得夜如白昼，浓烟密布，熔铁铺地。大火不仅烧掉了多达 208 万件的军械，还烧掉了孔子的屐、刘邦的斩蛇剑和王莽的头颅等文物。火灾调查发现，是工匠盗窃武库中的财物，唯恐事发，于是将蜡烛投进了武库储备的麻油中。

然而，这场大火当晚，时任右光禄大夫的张华竟然担心宫内有变，命令士兵先固守皇宫，然后才救火（唐·房玄龄等·《晋书·惠帝本纪》）。诡异的是，正是在这位曾经辅佐晋武帝司马炎定策伐吴、西晋重臣所编纂的《博物志》中，记录了晋武帝泰始年间（265—274 年）的另一场武库火灾："积油满万石，则自然生火。武帝泰始中，武库火，积油所致。"

明知武库积油失火之大，却守而不救，张华在那一夜的内心所思恐怕只有自己才知道了。

不过，除了本应知道芝麻油这种物资易燃易爆之外，张华也留下了芝麻油可以用于烹饪的记录，除了煎麻油，还可以蒸豆豉（晋·张华·《博物志》）。自此，大汉子民将芝麻油的使用转向了另一个完全不同的方向。

在接下来的南北朝时期，中国历史文献中的第一道炒菜出现了，"（鸡

⌄ 西晋文官

　　1955 年在湖南省长沙市出土。

⌄ 西晋男仆陶俑

　　1964 年在江苏省南京市出土。

⌄ 豆豉

　　佚名。现代摄影。

蛋）打破，著铜铛中，搅令黄白相杂。细擘葱白，下盐米，浑豉。麻油炒之，甚香美"（南北朝·贾思勰·《齐民要术》）。中式炒菜最早利用的油，就是来自芝麻。

而引燃了战争革命、助推了"分久必合"的芝麻油，真正化剑为犁、广泛用于"煎炸烹炒"，还要等到中国下一次"合久必分、分久必合"的时候。

"解甲归田"的芝麻油

578 年（北周宣政元年），突厥人入侵围攻军事重镇酒泉。守城的北周军队就近从甘肃河西地区的酒泉、玉门一带取来"石脂水"，焚烧突厥军队的攻城器械。不明就里的突厥人用水扑火，却发现"得水逾明"，酒泉得以固守（唐·李吉甫·《元和郡县志》）。这种"石脂水"，其实就是石油。

陕北石油的发现，更可追溯到汉代。但中国在历史上并不富产石油，古代对石油的发现和利用都很有限，用石油火攻，也只是个别战例。但这种情况到了中原政权丢失了西域和陆上"丝绸之路"后，却意外地发生了转变。五代时期，火攻开始使用海外舶来的石油制品，时人称为"火油"或猛"火油"。

919 年（后梁贞明五年），吴越国水师在国王钱镠的率领下，讨伐淮南，大战于狼山江，用"火油"来焚烧敌方战船。这些"火油"就是从大食国进口，用铁桶来喷射攻击。这也是中国历史上第一支装备了"猛火油喷射器"的军队。为了保密起见，钱镠还特意命令，用白银来装饰喷射筒口，这样即便被敌军缴获，对方士兵也会取走白银而丢弃铁筒，如此，"火油"的秘密就不会被敌军发现（五代·钱俨·《吴越备史》）。

958 年（后周显德五年），占城国王遣使来献方物，其中有"猛火油"84 瓶。北宋时，军工部门"广备攻城作"之下设立了专门的"猛火油作"。除了石油之外，此时的中国军队也已将火药火器列为正式装备。这些性状更为爆裂的新式装备，也让军队的火力进一步提升。相比之下，芝麻油的

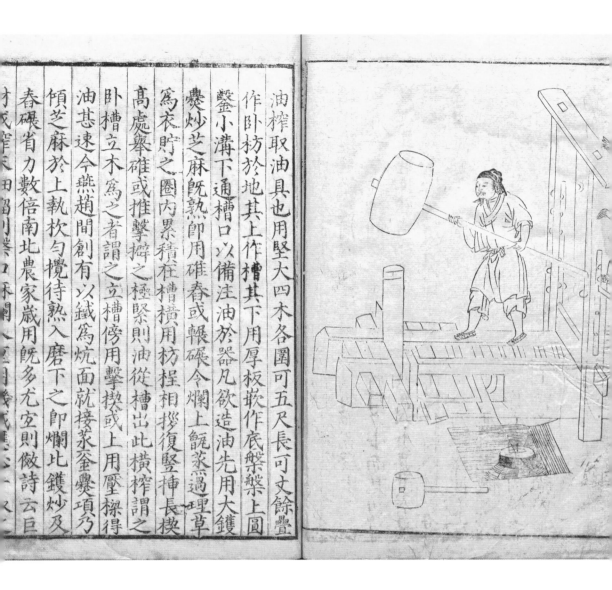

油榨取油具也用堅大四木各圍可五尺長可丈餘豎
作卧枋於地其上作槽其下用厚板嵌作底槃槃上圓
鑿小溝下通槽口以備注油於器凡欲造油先用大鑊
爨炒芝麻既熟即用碓舂或輾碾令爛上甑蒸過理草
爲衣貯之圈內累積在槽橫用枋栰相拶復豎插長楔
高處擧碓或推擊榨之極緊則油從槽出此橫榨謂之
卧槽立木爲之者謂之立槽傍用擊撽或上用壓擽得
油甚速今燕趙間創有以鐵爲炕面就接荼釜爨項乃
傾芝麻於上執枕勻攪待熟入磨下之即爛比鑊炒及
舂碾省力數倍南比農家歲用既多尤宜則傚詩云巨

⊙ 油榨

古代農用取油具。選自元代農學家王禎著作《農書》。

助燃性状，在战场上就开始显得火力不足了。

大量从战场上"解甲归田"的芝麻油，这时就成了中国人大快朵颐的对象。

芝麻油带来的"餐桌革命"

虽然南北朝时，贾思勰就记录了铜锅炒鸡蛋，但这种做法在当时无疑是奢侈的。因为作为官方铸币材料的铜价值很高，普通人家不但用不起，也不敢随意使用。唐代炒法烹饪的菜肴虽有所增多，但仍未普及，尚不能与炙烤、水煮等烹饪方法相提并论，所以用"炒"字命名的菜肴也很少。

唐末五代之后，随着森林资源开始出现枯竭的迹象，煤已经在华北地区普遍使用。在煤带来的高温催化下，冶铁的效率得到了巨大提升。到了宋代，铁质农具的成本大大降低，更能耐高温的铁锅也开始进入寻常百姓家。铁锅和燃煤强劲火力的配合，让煎、炒的烹饪方法得以普及开来。在有宋一代，"炒菜"渐渐得到了普及，并成为当时最为流行的烹饪方法之一。在炒的基础上，人们又发明了炸、爆等多种烹饪方法。

可想而知，当漫步在东京汴梁的街头，馆子里随处可见的是炒兔、生炒肺、炒蛤蜊、炒蟹、炒羊等用"炒"字命名的菜肴；小摊儿上是油炸素夹、油酥饼、花花油饼、肉油饼等油炸小吃（宋·孟元老·《东京梦华录》、宋·吴自牧·《梦粱录》）；而中国北方人更是喜欢麻油煎，"不问何物皆用油煎"（宋·沈括·《梦溪笔谈》）。

植物油加热后烹饪时，产生了中餐特有的鲜香，使中餐不再只有单调的烹饪方式：烤和羹，为以炒为主的中华烹饪方式奠定了基础。炒菜保存了食材更多的营养价值，有了更好的口感，也组合出各种色香味俱全的菜肴。汴梁城中的普通市民，已经从过去的一日两餐正式开始了一日三餐。

而大量"煎炸烹炒"对食用油的需求，又进一步催化了对蔓菁籽油、芸薹籽油、大豆油等植物油的压榨和利用。油用油菜在南宋时期就有了广泛的种植，它比起芝麻油更为清香，也迅速得到了百姓的青睐，由此在中国形成了北方芝麻、南方油菜的分布。而植物油的广泛使用，也助推了炒菜的普及。与此同时，榨油业也部分脱离了农业，形成了独立的榨油手工业。

从此，中国饮食文化也走进了"餐桌革命"，开始了由中古时代向近世的转型。

正如石器时代的棍棒石块到刀枪剑戟，从步枪火炮再到现在的导弹核武，那些曾经大杀四方的军用技术装备，随着时间的推移，慢慢地变成人类生活中温情脉脉的生活好帮手。从西汉到元代，芝麻油一直在油料作物中占据主导地位，直到明清时期，才逐渐让步于大豆油、花生油。时至今日，铸剑为犁的芝麻油也仿佛功成身退，蜗居到厨房一角，成了凉拌菜最好的点缀之物。

浓香在餐厅弥漫的时候，又有谁会想到，香油曾经是人类杀戮场上令橹櫓灰飞烟灭的魔鬼呢？

大唐的命运之轮 一粒盐成为扭转

食盐，人类创造美味最关键的"点睛之笔"，也是人类每天均需摄入的必需品。正是这种无法摆脱的羁绊，让人们沿着它的脚步聚集、定居、迁徙。它的无形之手，也让中国古代王朝的统治者生出了无与伦比的智慧：官山海以当聚宝盆，尽榷天下盐以赡国用。

以大唐盛世惊天转折为分水岭，王朝的统治者们用盐编织出一张越来越精密的网，一次次涸泽而渔地撒向人间，而王朝最终又因为它被反噬成一具冢中枯骨。此后中国 1000 年的历史脉络，也将深深地受之影响。

756 年（唐天宝十五年、至德元年）七月，在河北道平原郡驻守的河北招讨采访处置使、平原太守颜真卿，终于见到了他日思夜想、四处求觅的清河郡少年李华。这时候，颜真卿已经陷入了重重困境。

前一年（755 年）的十一月初九，身兼范阳、平卢、河东三节度使的安禄山，举兵 15 万，以"忧国之危"、奉密诏讨伐杨国忠为借口起兵，河北州县望风瓦解。被外放平原的颜真卿和堂兄颜杲卿，分别在平原和常山举义誓师抵抗叛军。

◇ **颜真卿**

唐玄宗开元二十二年（734 年）进士。善诗文。封鲁郡公，世称颜鲁公。书法精妙，创"颜体"楷书，与欧阳询、柳公权、赵孟頫并称为"楷书四大家"；又与柳公权并称"颜柳"，被称为"颜筋柳骨"。

756 年（唐天宝十五年、至德元年）三月初，清河白衣少年李华来到平原，提议联合平叛。在他的谋略部署下，颜真卿联络清河、博平的唐军，在堂邑西南大破叛军，收复魏郡。但因为颜真卿把战功让给了北海太守贺兰进明，李华愤而离去，隐于民间。

六月十七日，长安陷落，皇室西奔。李光弼、郭子仪被迫放弃河北后，除平原、清河、博平三郡外，河北诸郡再度陷入叛军之手。此时，距离平原举义已有半年多，三郡的军费已告枯竭，颜真卿苦思冥想，仍不得其解。情急之下，他只能四处广发文牒，求见李华。终于，这个少年重新现身平原，来见颜真卿。

在经过了几天几夜的商议后，颜真卿采纳了李华的建议，下令将把景城郡民间生产的食盐统一收购起来，然后在黄河沿岸设置盐场统一出售，命令各地统一定价，所获利润逐级上缴，顺利地解决了义军的军费问题。

这时，原来的北海郡录事参军第五琦，正随着贺兰进明在河北征讨叛军。目睹了平原郡军费筹集的第五琦，默默地将这一方法记在了心里

[唐·殷亮·《颜鲁公行状（颜真卿墓志）》]。

这位中国最广为人知的大书法家，尽管并非食盐专卖的首创者，但他却无意间创造了一个历史的分水岭。从这一刻起，整个大唐的命运之轮将会向着一个全新的方向扭转：即使在安史之乱中元气大伤，它也依然靠盐利强力续命151年；又是两个盐商（私盐贩）揭竿而起，成了这个王朝末日动荡的最大震源；那些曾经如蚁附膻于王朝盐利上的节度使们，却又将支撑它的血液吸干榨尽……

被扭转的又岂止大唐。春秋时，管仲的"官山海"政策，让盐成为一味神奇的添加剂，当君王们品尝到它带来的"权力滋味"后，整个中国往后1000年的历史脉络都将深深地受之影响。

没有人能逃脱食盐之手

公元前685年，齐公子小白成为国君，是为齐桓公，在鲍叔牙的推荐下，管仲出任国相。想要扩大税收来增强国力的齐桓公，向管仲问政。但管仲却告诉他，不管通过哪种物品来加税，都只会促使人们为了避税，而选择减少包括人口在内的生产。而真正的富国之策，管仲给出了简单却影响深远的7个字："唯官山海为可耳。"

在具体办法上，由于齐国靠海，就要依靠大海成就王业，而关键就在于如何征税于盐。"一个万乘之国，人口总数千万，如果每人征税三十钱，每月收入总数才不过三千万钱。而且一旦加税，人们都会大呼不满，"管仲说，"但如果把盐收归国家专营，每升增加二钱，一个万乘之国每月收入就有六千万钱，不但能让国家收入百倍增长，而且所有人都无法规避。"（先秦·《管子·海王》）

这是中国古代将食盐收归政府统制经营、寓盐税于盐价最早的观点。而抓住食盐这个关键点，不仅因为靠海的齐国只要煮海水就能得到盐，更重要的是，它是人类生活的必需品。

帝廣在位十三年

◈ **隋炀帝杨广画像**

隋朝的第二个皇帝。杨广即位后，进行了开运河、巡张掖、征高丽等一系列活动，最终于611年（隋大业七年）引发农民起义乃至贵族大规模的叛变。选自《历代帝王图卷》，传为唐阎立本绘，美国波士顿美术馆藏。

盐不仅是重要的调味品，还能调节人体体液的正常循环，维持酸碱度的平衡，是维持生命不可缺少的物质。正因如此，即使盐的价格有所提高，人们也只能选择消费，在不知不觉中，他们就已经向国家纳了税。

管仲的政策是实行国家专卖，而盐铁国家专营制度，在西汉达到真正成熟。

公元前 119 年（西汉元狩四年），汉军远征漠北，而连年的征战使军费开支浩繁，为了增加财政收入，御史大夫张汤建议，将天下盐利收官。与管仲之法不同的是，煮盐、转输、销售，汉朝全部实行国营。公元前 110 年（西汉元封元年），洛阳商人之子桑弘羊领大农令，总管国家财政，在他的完善治理下，食盐专卖配合平准法，通过盐利，给连年征战的汉帝国补了血。

公元前 81 年（西汉始元六年）二月，与桑弘羊一样身为辅臣的霍光，有意恤民，特意组织会议，对武帝时期的各项政策进行讨论。会议上，贤良文学之士提出不要与民争利，希望罢撤盐铁官。但桑弘羊以国家大业用度的理由，说服了天子继续实行专卖。而这项政策也一直持续到公元 5 年（西汉元始五年），先后 125 年。

最好的时光

自王莽篡汉一直到魏晋南北朝，食盐专营几经废止，又几次重新实行，具体施行的政策和范围也略有不同，但各政权的财政收入，还是以个体小农所纳的田赋为主。

583 年（隋开皇三年），考虑到南北朝的长期战乱刚刚结束，民生疲弊困苦，隋文帝杨坚下诏取消禁榷，疏通盐池、盐井，开放给百姓，连盐业的专税都全部免除。甚至在隋炀帝即位、用度大增的情况下，有隋一代也没有将手伸向盐利。唐初沿隋旧制，所有军国之用都以租庸调为主，同样不向盐业收取专税。

◎ 唐玄宗李隆基

唐玄宗（685—762 年），
武则天之孙，唐睿宗李旦
第三子，开创了唐朝的
"开元盛世"。后期因为宠
信奸臣，导致了长达 8 年
的安史之乱，唐朝逐渐走
向衰落。选自《古今君臣
图鉴》。

714 年（唐开元二年），左拾遗刘彤上疏建议，可以设置盐铁之官，并收其利润以供国用。这个建议获得了高层的认可，并且已经开始与诸道研究实施方案。但是，由于反对的声音越来越多，刘彤的建议便无疾而终了（五代·刘昫等·《旧唐书·良吏下》）。

次年（715 年）七月，唐玄宗李隆基认为宫中风俗奢靡，于是下令将奢华的服饰车马、金银器充作军国之用，后妃以下不得穿着、佩戴锦绣珠玉，而且裁撤了两京织锦坊（宋·司马光·《资治通鉴》）。司马光在修史时写到这儿时，用"自刻厉节俭"来评价这位当时三十而立的统治者。但如果和刘彤的上疏两相对比，或许又会有另一番可能性。

事实上，721 年（唐开元九年），唐政府终于对盐业恢复征税，隋唐之间的无盐税时代，一共持续了 138 年。也正是在这 138 年中，九州大地上出现了隋代的"大业盛世"和唐初的"贞观之治"。此刻，大唐王朝正在迈向"稻米流脂粟米白，公私仓廪俱丰实"的全盛时期。

然而，在这座华丽殿堂的脚下，一股股隐匿的暗流正在汇聚。

从录事参军到位极人臣

756 年（唐天宝十五年、唐至德元年），在安禄山、史思明引发的天下大乱中，已经 44 岁、还只是在地方基层工作的录事参军第五琦意识到，这将是自己实现人生抱负最好的时机。

七月十二日，"马嵬之变"后的唐太子李亨在灵武登基，改元至德，是为唐肃宗。在贺兰进明的指派下，第五琦前往面见唐肃宗李亨，汇报河北战事。他牢牢抓住了这次面圣的机会："现在战事正是朝廷所急，军队的强弱在于赋税，赋税多出于江淮一带。倘若能授我一职，我有办法解决军费。"（宋·宋祁、欧阳修等·《新唐书·第五琦传》）

在这危急关头，能有人主动站出来扛这样的重任，唐肃宗李亨自然大喜过望，先后授予第五琦监察御史兼江淮租庸使等一系列官职。第五琦上任后，迅速行动起来，他借鉴颜真卿在河北的做法，创立了榷盐法，由政府派员到山海盐井、盐灶收购食盐，并由政府专门机构出售。

第五琦的榷盐法，就是将盐户生产的盐低价收购起来，然后再加价直接卖给用户，并从中赚取差价。通过这样的直接专卖，消费食盐的老百姓除了原来的租庸之外，不用增加其他赋税，但政府的收入却增加了。为了确保榷盐法的有效施行，以往以制盐为业，或者游离于土地之外的人，如果愿干这行的，免除他们的杂役，唐政府为这部分人单设盐籍，称为亭户（煮盐场称亭场之故），凡取得盐籍之人户，由盐铁使掌管。同时，偷制和偷卖盐的行为已入刑，违者按罪量刑论处。

早在唐代天宝、至德年间榷盐法实施前，食盐的市场零售价大约是每斗 10 文钱。而榷盐法实施后，盐监、盐院每斗加价 100 文，食盐的官方专卖零售价达到了每斗 110 文（宋·宋祁、欧阳修等·《新唐书·食货志》）。

第五琦的榷盐法，从江淮开始向全国推广，让国家财政的年收入增长了 40 万贯左右。同时，他还疏通了从江淮地区往关中地区的财赋运输路线，

《仿明皇幸蜀图》轴

明 仇英。画的是安史之乱时，唐玄宗放弃都城长安，逃往蜀地避难，行军途中的场景。

◈ 啖饼惜福

　　选自《帝鉴图说》之上篇《圣哲芳规》。唐肃宗李亨在做太子时，珍爱食物，不敢浪费一丝一毫。

⌒ 烧梨联句

选自《帝鉴图说》之上篇《圣哲芳规》。唐肃宗李亨慧眼识贤人，不拘小节，为谋士李泌烧梨，以供食用。

并在 758 年（唐乾元元年）铸行"乾元重宝"虚价大钱，变相地从老百姓手中掠夺财富。急功近利的第五琦也平步青云，在大唐官场中如火箭一般升迁。到 759 年（唐乾元二年），仅仅 3 年时间，第五琦就从一个录事参军跃升为大唐的同中书门下平章事（唐后期相当于宰相）。

搞钱，搞钱

第五琦的火箭升迁，最重要的原因，是在国家和军队燃眉之急的时候，为唐肃宗李亨搞到了真金白银。

757 年（唐至德二年），唐肃宗李亨派度支员外郎郑叔清前往江淮收税时，就十分窘迫地说："安禄山的反叛还没平息，国家连年用兵，军费财政告竭，依靠原有的赋税来源已经远远不够了。"（唐·贾至·《遣郑叔清往江淮宣慰敕》）事实上，早在安史之乱爆发之前的"开元盛世"，李唐王朝的国家财政就已经出现了一个巨大的窟窿。

唐王朝建立之初，以均田制为基础，实行租庸调的赋役制度，规定：凡是均田的普通老百姓，不论授田多少，都要按丁口交纳定额的赋税和服徭役，国家赋税的税基，就是政府账簿上一丁一口的"课户"。而贵族王公、高官，以及残障者、部曲、奴婢等特殊人群，是享有免税免役权利的"免课户"。

到武周之后，虽然土地买卖有了一定的限制，但是众多贵族王公、高官还是"莫惧章程"，兼并土地，建立庄园。连"圣人"都不得不承认他们："比置庄田，恣行吞并。"（唐·李隆基·《禁官夺百姓口分永业田诏》）

这样一来，均田和租庸调都遭到了严重的破坏。早在开元初年，就有人惊呼，"两畿户口，逃去者半"。监察御史宇文融发现，很多被迫变卖了土地的课户，无力负担租庸调，或背井离乡逃亡，或依附于贵族王公之家，成为隐匿人口，还有人通过伪造"免课户"身份，逃避租庸调。土地兼并的泛滥，地方州县已无力制止。宇文融通过巡察各州县，复核田地，查出

◎《山庄秋稔图》轴

清 袁耀。画面描绘的是秋季庄稼成熟，山庄百姓男耕女织的场景。

无户籍人家达到 80 万户（五代·刘昫等·《旧唐书·宇文融传》）。

到 755 年（唐天宝十四年），全国户口总数为 891.5 万余户，其中"免课户"约 356.5 万户，"课户"约 534.9 万户，"免课户"几乎占到总户数的 40%。"开元盛世"之下，政府税基已经严重缩水，与之相应的是，政府的财政支出却是日渐繁冗。

北宋时的冗官、冗兵、冗费广为人知，实际上，这种趋势从唐代开元年间就已显露出来。657 年（唐显庆二年），唐政府内外文武品官为 13465 员，到了 737 年（唐开元二十五年）达到 18800 余员，算上胥吏，总数达到了 36.9 万人。也正是在同一年，由于均田制与府兵制的破坏，唐玄宗李隆基下诏命令诸镇节度使，招募自愿戍边的军人，足额后就不再从内地调发府兵，募兵逐渐取代府兵。这些职业军人的后勤供给也转而依赖国家财政负担。

而安史之乱的爆发，就像一根导火索，引燃了财政危机这个大火药桶，整个王朝开始陷于崩溃的境地。

759 年（唐乾元二年）三月初六，郭子仪、李光弼等 9 位节度使调集 60 万大军围攻邺城。而与之对比的是，760 年（唐乾元三年），还在中央政府控制下的户口仅剩 190 万余户，而"课户"仅有 75.8 万户，相当于每个"课户"都要供养一个军人。

回到眼下，"乾元重宝"已经搞得物价猛涨，百姓怨声载道。第五琦的榷盐法，虽然使盐价提高了 10 倍，但财政收入只增长了 40 万贯。除了安史之乱让唐王朝能控制的区域进一步缩小外，还有一个重要的原因，即为了确保榷盐，又增加了不少官吏，以致成本大增，腐败滋生。

仗还要打，"圣人"的日子还要过，还有什么办法能从老百姓身上榨出更多的民脂民膏来呢？

从榷盐到两税，颠覆"量入制出"

答案还是回到了盐的身上。760 年（唐上元元年），刘晏出任盐铁转运使，这位第五琦的继任者，将前任急功近利的种种弊端一一扭转。

刘晏的新法，除了延续之前牢牢控制食盐的生产和货源、打击私盐的做法之外，从技术上、政策上鼓励生产，还放弃由官方统购统销的做法，改为由盐政机构将统购食盐按榷价卖给批发商人，再由商人运销各地，并确保他们运销食盐的通畅。由于批发商成为运销的主体，第五琦时代臃肿的盐政机构大为精简，大大降低了榷盐的运营成本。此外，朝廷还在偏远地区设立常平盐仓，保证偏远地区的供应，同时调控盐价（宋·宋祁、欧阳修等·《新唐书·食货志》）。

刘晏这一番精密的改革立竿见影。盐利从第五琦时的年入 40 万贯，第二年增长到 60 万贯，第三年收入增长超过 10 倍，达到 600 余万贯，而百姓并没有感到负担过重，而皇室用度、百官俸禄、军费都要仰仗盐利的收入。以 779 年（唐大历十四年）的财政总收入 1200 万贯计，盐利在王朝的征赋中所占的比例已经过半（五代·刘昫等·《旧唐书·刘晏传》）。

在大唐王朝急于续命的这个关头，食盐担负起了搞钱的重任。由于人都要吃盐，食盐消费几乎不存在供求弹性，即使提高价格，依然可以保证出货。盐利虽然表面上是向盐商征收，但天下百姓不论贫富贵贱，都是实际上的承担者。

当食盐借这些盐商的脚步，向广大国土的角角落落输送时，它也突破了此时中央政府统治空间的限制：哪里的人向盐商买了官盐，就等于这里的人向中央政府交了税。除了原本的农业税之外，政府又多了一个重要的商业税来源，而这笔收入是法定归属中央政府的——从某种意义上说，只要这天下中任何一个人仍在吃饭，他就被纳入了天子的直接统治之下。

消费者消费食盐相当于向政府完税，进而引发了更为关键的变化：政府财政收入的形式变成了货币。在唐初租庸调制背景下，国家财政收入还是以实物为主，充满了自然经济色彩。比起收实物来，直接征收货币，其灵活性和效率都大大提高了。刘晏的这种智慧，也让他的政敌杨炎得到了重要的启发。

777 年（唐大历十二年），独揽朝政的宰相元载被处死。元载一案的主审官，正是刘晏。元载的党羽在牵连中纷纷被贬谪，其中之一便是曾被视为元载接班人的杨炎。两年以后，唐代宗李豫崩，唐德宗李适即位。但掌管天下财政大事的两朝元老刘晏并没能权倾朝野，就在同年八月，唐德宗重新起用杨炎，并任命他为宰相。

不久，杨炎就向唐德宗建议，实行一种全新的税法。780 年（唐建中元年）正月初一，"两税法"正式敕诏公布，一改战国以来以人丁为主的税制，转向以土地、财产为计税依据，名目繁多的役金统一为一种税目，以征收货币为主，一年分夏秋两次征税。此外，行商也要向所在州县缴纳 1/30 的税。"两税法"施行之下，大唐的财政收入一度猛增到 3000 万贯以上。

然而，"两税法"中提出"量出以制入"的原则，即先估算财政支出所需的总数，再将税负分配到每个人的头上（五代·刘昫等·《旧唐书·杨炎传》），也颠覆了中国传统的"量入制出"的原则，给统治者留下了最好的借口。每当王朝陷入财政危机的时刻，他们总会利用这一原则，将编制精密的税收之网一次次撒向本已困顿的百姓。

刘晏的榷盐法，或多或少为杨炎的"两税法"提供了施行的基础。而"两税法""量出以制入"的原则，在不远的将来又会反过来影响唐王朝在榷盐上的思路和力度，最终会给这个王朝的崩塌埋下致命的病灶。

为王朝输血的它，最终反噬王朝

刘晏和杨炎，这两个天才为唐王朝未来的百年国祚，设计了精密的造血机器，但他们也和那些恃才傲物的天才一样，彼此恃权使气，两不相得。而在唐王朝至高无上的那个"圣人"眼中，卧榻之侧的两个天才恶斗，恰恰是最可怕的。780年（唐建中元年），唐德宗李适杀前朝宰相刘晏；781年（唐建中二年），唐德宗李适又杀宰相杨炎。短短一年，杰出的理财专家刘晏和杨炎双星陨落。

搞定这两个天才之后，782年（唐建中三年）五月，除了将每道的税赋提高20%之外，唐德宗还直接下令，在每斗110文钱的榷价基础上，"盐每斗价皆增百钱"（宋·司马光·《资治通鉴》）。此后，每斗食盐榷价又从210文钱提高到310文钱，继而再提高60文钱，河中两池食盐榷价达到370文钱（宋·宋祁、欧阳修等·《新唐书·食货志》），此后长期维持这一高价。

从纸面上看，盐价陡增了236%，但问题的严重性远非盐价一隅。正是在"两税法"的推动下，政府税收转为货币形式，而农民集中纳税时，由于货币流通不足，导致粮食、绢帛等各种产品只能低价贱卖，钱重物轻。一边是暴涨的盐价，另一边是其他物价的下跌，普通百姓甚至只能用一斗谷物来换取一升盐（宋·宋祁、欧阳修等·《新唐书》）。

价格差还将百姓的生活负担放大了数倍，迫使他们不得不减少消费量，

◎ 盐瓶

13世纪法国巴黎，直径14厘米。瓶器饰有黄金、珍珠、祖母绿、红宝石和尖晶石。

甚至只能"淡食"。有百姓因为吃不起官盐，从盐碱地中取土煎盐，或者用水柏柴烧灰煎盐，为了保证官盐销售，唐政府连这种质量极差的"末盐"都严行禁止。

盐政的施行，却连人们维持生命的必需品都无法满足，这个曾给王朝输血的政策，从此时开始对王朝的延续展开了反噬。

满心以为只要提高榷盐价格，就能坐收盐利、以增国用的唐王朝，却眼见着榷盐收入大大减少了。盐官和盐商见盐价陡增，趁机牟取暴利，中饱私囊。连一直反对榷盐的白居易，都直指这种政策的弊端：

唐·白居易·《盐商妇》

婿作盐商十五年，不属州县属天子。

每年盐利入官时，少入官家多入私。

官家利薄私家厚，盐铁尚书远不知。

在人们无力购买高价官盐的背景下，违禁制贩私盐的情况泛滥成灾。而榷盐价格高涨的同时，政府从亭户手中收购的价格却没有提升，生活所迫下，亭户们也参与到私盐贩卖中。为了遏制这些私卖的行为，唐政府又要加派巡捕人员，遍布各产盐州县，结果又导致冗员，增加了成本（宋·宋祁、欧阳修等·《新唐书·食货志》）。

于是，整个国家的盐业经济陷入了一个死循环：大小藩镇割据一方，截流赋税，中央政府财政捉襟见肘，对盐利的依赖就更大；盐价越高，腐败和私盐就越烈；查禁私盐越严格，私盐之利也就越高，反而吸引越来越多的人铤而走险。尽管中间有李巽短暂地整顿过盐政，但其去世后不久，榷盐价格又重新上涨。

为了确保盐利、打击私盐，唐政府的刑法越来越残酷。面对官方的严苛弹压，私盐贩子们结成了一个个武装走私集团，并且不断壮大。在奔走各地贩运私盐、抗拒官府缉拿的路途上，濮州人王仙芝练就了一身过人的武艺；而另一位出身曹州盐商家庭的黄巢，则是自幼善于骑射，粗通笔墨。

⊗ 盐船

选自《中国清代外销画·船只》。

◎ 麻阳盐船

麻阳，现隶属湖南省怀化市。选自《中国清代外销画·船只》。

874 年（唐乾符元年），关东大旱，唐政府反而继续增加赋税，王仙芝自称"均平天补大将军"、兼海内诸豪都统，揭竿而起，攻克濮州、曹州，黄巢率众数千会师响应——榷盐之殇，终于成了这个王朝末日动荡的最大震源。

食盐战争

881 年（唐中和元年），长安陷于黄巢，唐僖宗李儇逃亡蜀地，4 年后车驾才得以还京。此时，中央政府官员、军队众多，却无力从各地征收赋税，只能全部依赖关畿地区的税赋。而权宦田令孜以蜀中护驾为名，招募新军 54000 人重建神策军，军饷也全无着落（五代·刘昫等·《旧唐书·僖宗本纪》）。

在平定黄巢起义期间，立有大功的河东三镇之一、河中节度使王重荣，也兼领榷盐事务，境内有安邑、解县两地盐池之利。河东道境内盐业资源丰富，其中最为著名的就是河中府（蒲州）境内这两地盐池。

把持着朝政的田令孜，此刻也看上了两池的榷盐课利。这时的大唐天下，各地藩镇节度使强占境内盐池、截流盐利、养兵育势，已是常态。而王重荣反而是节度使中相对听命于朝廷的，每年还上缴课盐 3000 车。

或许是认为王重荣会听任摆布，田令孜准备将河中盐池收归中央，并自兼两池榷盐使。王重荣自然不愿意移交，并上疏列举田令孜的十大罪状。于是，田令孜令邠宁、凤翔两节度使共同起兵讨伐王重荣。王重荣转身就向在平定黄巢起义时联合作战的老伙计、河东节度使李克用告急求援。田令孜的新军一触即溃，只好挟持唐僖宗李儇出逃（宋·司马光·《资治通鉴》）。

这一场由河东盐池之争而引发的战争，清晰地表明，盐利已经成为这个王朝末日余晖中最为关键的经济和政治资本。在朝廷内部，宦官与朝官争夺盐利大权；在外部，节度使们再也不把曾经的大唐放在眼里了，关中及北方地区已形成军阀混战的局面。而朝廷内部、朝廷与藩镇、藩镇与藩

师敬司

卞宜随

朱温

李存勖

⌒ 《太平桥》

故事来源于《五代史》和《残唐五代史演义》。讲的是朱温设计并一路追杀李克用，李克用幸而路遇李存孝，得救的故事。图册中绘有朱温、卞宜随、李存勖、旗牌郭义、李广、史敬思等人物的戏剧扮相。选自《升平署戏曲人物画册》，此画册收藏于国家图书馆。

050

镇之间的政治冲突和战争，都围绕着盐而展开。

901 年（唐天复元年）正月，朱温率军攻陷河东绛、晋二州；二月，河中节度使王珂投降，朱温受封为"安邑、解县两池榷盐制置等使"。在夺得这两处盐池后，朱温向北遏制河东，向南威胁关中，距取唐室而代之，只剩下时间问题了。

在大唐王朝最危急的时刻，因榷盐之利而得以续命 151 年，最终竟享国 289 年；而唐朝这艘飘摇的大船，也因为饮鸩止渴、暴敛榷盐之利，被两个盐商敲断了龙骨；最终，那些曾经蚁附于盐池上的节度使们，吸干了榷盐这台"造血机"产出的血液后，一脚将早已如冢中枯骨的王朝踢进了历史的深渊。

天子集权的"撒手锏"

尽管唐王朝最终不可避免地崩盘了，但是由颜真卿、第五琦、刘晏等人制定、优化出来的榷盐制，成为唐以后历代王朝的定制。虽然后世的盐业政策有着各不相同的改进之处，但它始终是帝王们进行中央集权的重要经济保障。

北宋时期，宋真宗天禧末年总收入为 2650 余万贯，盐利 350 余万贯，占总数的 13.2%；而到了南宋时期，盐利收入在征赋中所占的比例明显提高，宋高宗绍兴末年总收入为 3540 余万贯，盐利就有 1930 余万，占总数的 54.2%。元政府的盐政更加苛刻，财政支出的十之七八依靠盐利；明代盐税和田赋各居一半；清代实行官督商办的特许经营，清末更是开征"盐厘"。

除了这一个个王朝通过榷盐，变相地向百姓收取赋税，从而聚敛财富之外，榷盐的背后是皇权延伸、不断向基层扩张的"撒手锏"之一。不论是在天涯海角，只要一个百姓为了生活买了官盐，他就被纳入了天子的直接统治之下。

◎ 熬盐

佚名。20 世纪初，中国四川杨高。

与此同时，正如唐王朝为确保榷盐之利而增设机构、增添官吏那样，为了控制包括盐利在内的方方面面，各种部门的官吏数量不断增长。为了确保这些权力掌握在天子手中，而不像唐末的节度使们可以随意占据盐池、截流盐利，各级官吏们手中的权力也被不断分拆。

由是，中国历代官员的数量，从汉代的 7800 员，到唐开元年间达18800 员，宋代冗官至 34000 员，到明代正德年间，文武官员已高达 124683员。而因为"量出制入"的财政原则，这庞大的官僚机构又会将俸禄之需，转嫁到盐利之上——垄断天下的资源，使之成为税赋，从而帮助一个个王朝的统治者达成专制——自两宋以后，中国古代再也没有出现如唐末藩镇跋扈的现象，在一定程度上也与施行榷盐有关。

就在那场围绕着汉武帝时期各项政策而展开的大辩论上，御史大夫桑弘羊振振有词地认为，盐铁之利，有益于国，无害于人。但事实上，这个"国"只是封建帝王之"家"，无害于人只是因为取之无形。只有那句"利用不竭而民不知"（汉·桓宽·《盐铁论·非鞅》），才藏着真正的奥义——那些将榷盐当作精密的渔网，一次次撒向民间、竭泽而渔的封建统治者，又何曾想过人民"淡食"的疾苦呢？

不知道，桑弘羊及其后世的继任者们，连同靠着盐利而"终朝美饭食，终岁好衣裳"的人，会不会像白居易所痛斥的那样，曾经感到过一丝丝惭愧。

今天，在以猪肉为主导的中国人（特别是汉族）肉食消费结构中，羊肉更多是一种调剂品。但是，在距今1000多年前的赵宋时代，猪肉却是一种"贵者不肯吃，贫者不解煮"的食物，无论是官家、才子还是庶民，举国上下都痴迷于羊肉。

而对羊肉的嗜好，最终竟成了左右赵宋社稷兴衰的一个重要砝码。当北方游牧民族的骑兵一次次席卷南下的时候，官家和他的臣民们却只能像草场上温顺的绵羊一样，无力挣扎。

这段旧事，就从一个看似巧合，却深藏着必然的1058年，也就是宋仁宗嘉祐三年开始说起。

1058年（北宋嘉祐三年）三月十日，一件不大又不小的贪腐案，就发生在了大宋官家赵祯身边最近的地方：勾当御厨、驾部员外郎李象中、供备库副使张茂之、内殿承制韩从礼、入内供奉官卢待问等人，"皆坐自盗御食"，而被发配江南、京西等处衙前编管（宋·李焘·《续资治通鉴长编》）。

说它不大，毕竟还比不上丧师失地的罪过；说它不小，竟然是在官家的御厨中监守自盗。而且，根据案件调查，这桩蠹虫案发之前，御厨每天

◎ 夜止烧羊

选自《帝鉴图说》之上篇《圣哲芳规》。宋仁宗赵祯为防止造成日后后厨的浪费，而忍住不破例吃烤羊的典故。

要宰杀 280 只羊，案发以后，这个数字回落到每天 40 只。照此计算，每年从宫中御厨被贪污的羊，多达 87000 多只。

没有史料记载下宋仁宗赵祯这一刻的心情。这位被元代丞相脱脱赞为"恭俭仁恕"的皇帝，曾经因为深夜想吃一口烧羊而夜不能寐，却又不忍心降旨取索，生怕御厨形成惯例，每晚都宰杀一只羊，以备皇帝的不时之需（元·脱脱·《宋史·本纪第十二》）。

也正是在这一年的十月，时任舒州通判的王安石调任三司度支判官，进京述职。这位 1042 年（北宋庆历二年）中榜、目睹了范仲淹庆历变法兴废的官员，则呈上了一封长达万言的奏疏，痛陈国家时弊。

然而，这时已近暮年的宋仁宗并没有意识到，御厨自盗羊肉达 7 倍之巨的背后，正是由于举国上下对"羊大为美"的热爱（有趣的是，这个说法正是出自王安石本人编撰的《字说》）。而这种嗜好，竟成了左右社稷兴衰天平两头的一个重要砝码，更是中国人肉食消费变迁的一个重要转折点。

碗中的羊肉会——鉴证，史上第一位仁宗的"为人君，止于仁"，只不过是这位官家对举国上下的一切乱象都已无能为力罢了。

在中国餐桌上"拉锯"千年的羊和猪

493 年（北魏太和十七年）九月，孝文帝拓跋宏在南伐的征途上，定下了迁都洛阳的大计，中国北方游牧民族与汉民族的血液不断交融，人们舌尖上的喜好也开始发生变化：

也正是在这一年，南齐大臣王肃父兄遇害，投奔北魏。一开始，出身琅琊王氏的王肃，还吃不惯牛羊及酪浆等食物，但短短几年后，孝文帝拓跋宏在皇家宴会上发现，王肃吃的羊肉也不少，于是就很好奇。王肃回答："羊者是陆产之最，鱼者乃水族之长……羊比齐鲁大邦，鱼比邾莒小国。"（北魏·杨炫之·《洛阳伽蓝记》）

事实上，从先秦到两汉，羊肉和猪肉这两种主要的肉食，一直在中国人的餐桌上来回"拉锯"。在先秦,"天子食太牢,牛羊豕三牲俱全,诸侯食牛,卿食羊,大夫食豕,士食鱼炙,庶人食菜"(《国语·楚语下》)。礼乐等级制度之下,也是肉食秩序的排序,猪肉仅次于牛羊,位列鱼肉之前。

中国古代为保护耕牛而禁食牛肉,而先秦时中国文明的重心位于北方,地广人稀,牧羊可以食草而肥,养猪虽能积肥,却要与人争食。直到西汉中期,猪肉才逐渐成为百姓的食物;至东汉,中国人对猪肉的食用则趋于普遍。在食用量上,猪和羊几乎平分秋色,既有"泽中千足彘(250 只猪)",也有许多人家拥有的"千足羊(250 只羊)"(司马迁·《史记·货殖列传》)。

但是从魏晋时代起,随着战乱造成的农业衰退和北方游牧民族入主中原,羊肉开始占据了中国肉食消费的上风。而在大唐天子的目之所及,"西起陇右、平凉、天水,外暨河曲之野,内则岐、幽、径、东接银夏,又东至于楼烦"(欧阳修·《论监牧》),都是信马由缰、放逐牛羊的肥美草场。也正因此,不管是有着鲜卑血统的李唐贵族,还是长安城内的普通平民,也沿袭了北朝风习,喜爱羊肉。《太平广记》中有关唐代肉类的记述总共有105 处,羊肉竟独占 47 处,而猪肉只有 12 处。

那位出生于洛阳城、后来成为殿前都点检的宋太祖赵匡胤,显然也很喜欢这一口。

炽炭烧羊,保百三十年中外无事?

968 年(北宋开宝元年)正月,汴梁城中。这一天,鹅毛大雪纷飞向夜。大宋宰相赵普正暗自想着,官家今夜应该不会来访了。可就在这时,一阵急促的敲门声响起,赵普急忙奔去开门,站在门外寒风飞雪中的正是宋太祖赵匡胤本人。不久,晋王赵光义也赶到了。就在这个风雪长夜,三人在堂屋重茵而坐,炽炭烧肉,定下了"先南后北"的统一战略(元·脱脱·《宋史·赵普传》)。

◎《雪夜访普图》轴

明 刘俊。画中描绘的是宋太祖赵匡胤雪夜拜访赵普，商议朝政的故事。

按照宋太祖赵匡胤和赵普的口味，这一夜的炭炉烤肉，大抵只有羊肉。正如后世宰相吕大防给宋哲宗讲述"百三十年中外无事"说的"祖宗家法"那样，"饮食不贵异味，御厨止用羊肉"（宋·李焘·《续资治通鉴长编》）。

于是，在宋真宗时期，御厨内宰羊的记录最高达到了每日 350 只，"御厨岁费羊数万头"；到宋仁宗时御厨监守自盗案发后，仍达到每日 40 只；宋神宗熙宁年间（1068—1077 年），每年御厨消费羊肉 434463.4 斤，每天超过 1000 斤；每逢官家诞辰，还要"杀上好羊约三千口"（徐松辑·《宋会要辑稿》）。相比之下，猪肉在官家的眼中却不怎么上得了台面。熙宁年间，御厨一年猪肉消费量只有 4131 斤，猪肉比例还不及羊肉的 1%。

宫墙之外，宋代官员也是羊肉消费的庞大群体，羊肉已成为生活中必不可少的食品。北宋政府规定官员俸禄除其他物品外，每月还要给 2 只至 20 只的食料羊（脱脱·《宋史·卷 172》）。宋代官员最多时达 4 万人以上，仅此一项每年要消费的羊肉就是一个庞大的数字。

上行下效，官家和仕人的消费习惯，对普通百姓无疑也有巨大的示范性。在北宋东京的街头，有炖羊、入炉羊、头乳饮羊、闹厅羊、虚汁垂丝羊头、羊头签、蒸羊头、羊脚子、羊肚、羊腰、羊杂碎等数十种羊肉熟食，大小食店，必有羊肉的各种吃法。而起源于汉魏时期，由肥嫩羊肉酿造的羊羔酒，在宋代更是风靡一时。在东京城宣德楼前的省府街南，一家名为"遇仙正店"的豪华酒家，羊羔酒卖到了 81 文 1 角，是菜单上顶级的酒品（宋·孟元老《东京梦华录》）。

然而，东京城中弥漫着浓厚奶香的羊肉，真的保住赵宋官家"百三十年中外无事"了吗？

风吹草低羔羊现：清平盛世下的黑洞

来自官方和民间如此庞大的羊肉需求，就不得不将目光投向北方边境，那里既有广阔的草场可以放牧，又有牧民可以交易。

尽管从 977 年（北宋太平兴国二年）起，宋辽之间的边境贸易就全面铺开，镇、易、雄、霸、沧等州正式设立了榷场，交易就包括活羊在内的重要货物。但北方边境上战乱时起，光靠从外面进口，远远无法满足中原的消费。这就不仅是牧羊的问题，还关系到中原民族的生存空间。

和前朝盛唐相比，有宋一代在北方和西北方向丢失了大片的肥美草场，国土面积大大缩水。适合畜牧的区域，大部分都被周边游牧民族政权所占据，尤其是作为中原门户的幽云十六州。

986 年（北宋雍熙三年），当宋太宗赵光义平定北汉，再次将目光聚焦到幽云十六州时，也正是寄希望于一举夺回宝贵的生存空间。然而，3 路 20 余万宋军皆溃败，从此失去了攻取幽云最好的机会，之后被迫转向战略防御。

由此，中原王朝的农牧分界线，也就被压缩到由雁门关经岢岚、河曲、西渡黄河至无定河谷地，循横山、陇山一线，沿青藏高原的东缘南下。在这与边境线形成狭小夹角的土地上，该让谁来吃宝贵的水草，就成了一个微妙的选择。

想吃羊肉，必然少不了大规模的养殖。自宋代立国之初的 969 年（北宋开宝二年），就在京师开封成立了牧羊业的管理机构牛羊司，"掌畜牧羔羊，栈饲以给烹宰之用"。

991 年（北宋淳化二年），"雍熙北伐"失利的 5 年后，内侍向宋太宗赵光义献计，可以在邠州（今陕西彬县，属永兴军路）、宁州（今甘肃宁县，属兴宁军节度）、庆州（今甘肃庆阳附近，属陕西路）等地买羊，分散在村野乡间饲养。但很快，当地的老百姓就不干了，因为这些羊"侵民田，妨种蓺，数郡被其害"。官家决定，"今宜罢之"（徐松辑·《宋会要辑稿·刑法》）。

然而，来自肥美羊肉的诱惑实在是太难以抵御了。宋真宗时，"牛羊司每年栈羊（加料精养的羊）三万三千口"（徐松辑·《宋会要辑稿》）。为此，京师开封之北开辟了大片牧地，"乃官民放养羊地"；而到宋仁宗时，政府在陕西牧放 1.6 万只羊，同州的沙苑监规模较大，除一部分养马外，官方还募民养羊。

和陕西相邻的河北，如边境的雄州（今河北雄县）也有大量官牧羊；

⊚ 《四羊图》

　　南宋 陈居中。这幅画共绘有4只羊，一羊在上，三只团居于下，暗含"三阳开泰"、吉祥如意的美好
愿望。

河北邢州、洺州的草地，牧养从榷场买回的羊；京畿地区的中牟县、河南府洛阳南部的广成川，都分布着养羊地。此时的官家，早就把"宜罢之"的先帝决策抛到了脑后。而在民间，河北路、河东路、永兴军路、秦凤路，民间的牧羊业也蒸蒸日上。

宁要牧羊场，不要军马场

就在人们心心念念一口烧羊的时候，一个晴天霹雳响在朝堂之上。

1060 年（北宋嘉祐五年），刚刚修撰《唐书》完毕的大宋左丞、工部尚书宋祁，给官家呈上了一份重要请示。曾经担任过群牧使的他，或许是在《唐书》修撰中，再一次感受到了大唐骑兵横扫西域的雄壮。在札子中，他向官家痛陈了一个惊人的发现："今天下马军，大率十人无一二人有马！"（北宋·宋祁·《又乞养马札子》）

正常情况下，正规骑兵至少应当做到一兵两马，在作战过程中换骑，以确保持续作战。按照辽军的兵制，每名正规骑兵，配马更是达到 3 匹。而现在，宋军这边超过 80% 的骑兵军队居然没有马！这样的军队，在面对契丹和西夏军队的高头大马席卷而来时，内心会被一种怎样的恐惧笼罩？那些当年随宋太祖南征北战的禁军骑兵和战马都凭空消失了吗？

刚刚经历五代十国战火的洗礼，北宋建国伊始，就沿袭唐、五代的监牧制度，建立了马政。北宋完成统一大业后，国马数量达到了 20 多万匹，国马监牧分布在京畿地区、河北路、永兴军路一带。尽管此时马匹兴盛，远不及唐代极盛之时的 70 万匹，但在大中祥符年间（1008—1016 年），各州监牧前后多达 31 处，仅饲养马匹的军校就多达 1.6 万人，牧马草地达 9.8 万顷（宋元·马端临·《文献通考·兵考》），

但梅尧臣所见的"聚如斗蚁，散如惊鸟"（《逢牧》）的放马场面，已经是大宋马群最后的高光时刻了。

澶渊之盟后，宋辽边境处于数十年的和平共处时期。在一派和平景象

◎《六马图》（局部）

（传）南宋 赵伯驹。美国纽约大都会艺术博物馆藏。

中，1013年（北宋大中祥符六年），群牧司言道："洛阳监秣五千匹，岁费颇重，只令裁减三千。"天禧年间（1017—1021年），因国马"广费刍粟"，群牧司竟然令13岁以上配给军队的马匹估价出卖（元·脱脱·《宋史·兵制》）。

在宋仁宗赵祯即位的天圣初年，连废东平监、单镇监、洛阳监等监牧，到1053年（北宋皇祐五年），又先后废去8监。宋仁宗时期，北宋官马直降到10万匹。国马数量的减少又促使牧地继续减少，宋初的9.8万顷牧地到宋英宗治平末年，只剩下5.5万顷，其余的牧地或为民请佃，或辟为营田（元·脱脱·《宋史·兵制》）。

诚然有宋一代的疆域无法与唐代相比，但天下之大，真的无处放马、与民争地了吗？在宋仁宗赵祯即位元年（1022年），"牧场自京都以至各地，均有臣工派使臣捡势水草，良者便标地圈占，共计八万五千四百余顷"（元·脱脱·《宋史》）。这些被大量兼并的土地被挪用去做了什么，只需对比上述的牧羊地，就不难发现，原本牧养着国马的京畿地区、河北路、永兴军路草场，与官民牧羊的场所高度重合。

事实上，北宋官员内部对于马的重要性也有着不同的认知。1041年（北宋庆历元年），北宋名臣田况上奏，请求增加步卒而削减骑军，"以一骑军之费，可赡步军二人"（宋·田况·《上兵策十四事》）。1042年（北宋庆历二年），知谏院张方平说："多留马军，既不足用，徒索刍粟。"（宋·李焘·《续资治通鉴长编》）1045年（北宋庆历五年），张方平又建议："边城一马之给，当步卒三人……若今后所发缘边屯驻马军，约度足以巡逻外，稍用步人替还，宽减调度。"（宋·张方平·《请省陕西兵马及诸冗费札子》）

1061年（北宋嘉祐六年），提醒军中缺马、复任群牧使的宋祁，在对军国大事的焦虑中辞世。此时，或许正有无数绵羊在大宋仅有的草场上，悠闲地啃食着水草。

羊肉进口背后：宋与辽的贸易战

除了"牧场不足"之外，官员们用来说服官家削减国马的理由，还有"费钱"。

在经历了宋真宗时的东封西祀、刘太后垂帘听政时的大造塔庙，到宋仁宗亲政时，早已是"内则帑藏空虚，外则民财殚竭，嗟怨嗷嗷，闻于道路"（宋·李焘·《续资治通鉴长编》）的景象。自庆历年间开始，北宋财政每年入不敷出，亏欠在300万缗以上。

也正因此，包括在西北御过边的范仲淹，都提出骑兵部队不如步兵部队划算的议题。此时此刻，随着多年的募兵，到庆历年间，大宋官军已经扩充到了125万人之巨，"兵久不试，言者多以为牧马费广而亡补"。

那么，除了官家的各种政绩工程、养官养兵之外，还有付给辽和西夏的"岁币"，北宋的钱还去哪儿了呢？

1089年（北宋元祐四年）十月，苏轼的弟弟苏辙奉旨离开京师出使辽国，庆贺辽道宗耶律洪基的生辰。他在辽国境内惊奇地发现，"北界别无钱币，公私交易，并使本朝铜钱……本朝每岁铸钱以百万计，而所在常患钱少，盖散入四夷，势当尔也"（宋元·马端临·《文献通考·钱币》）。

作为北方游牧民族，辽国铸造能力低下，境内又缺乏铜矿资源，导致造钱成本高昂。辽国采取的货币政策是，通过吸收大量宋朝铜钱来解决流通中对货币的需求。辽对宋输出的优势商品不多，马肯定是被禁止出口的，因此以羊、盐等为主。

而在南面，即便国库财政紧张，北宋从上到下巨大的羊肉消费需求也并未削减。除了国内牧羊业兴盛之外，北宋还在河北路的河北榷场"博买契丹羊岁数万"（宋·李焘·《续资治通鉴长编》）。契丹羊肉质鲜美，深得宋朝居民的喜爱，是辽国对北宋输出的大宗商品之一。此外，在西北靠近

◎ 羊

选自《诗经名物图解》，细井徇绘。

066

保安、镇戎二军的榷场，每年也进口西夏羊数万只，通过榷场贸易大量进口来补充国内的羊肉需求。

以 1070 年（北宋熙宁三年）为例，北宋在榷场上"博买契丹羊岁数万……公私岁费钱四十余万缗"。翰林学士沈括大为痛惜："盐重则外盐日至，而中国之钱日北。牛羊之来于外国，皆私易以中国之实钱，如此之比，泄中国之钱于北者，岁不知其几何。"（宋·李焘·《续资治通鉴长编》）

在内忧外患之下，短短两年的庆历新政，并没有达到为国家节省钱财的改革目的。范仲淹、欧阳修等人相继被排斥出朝廷。回到本文伊始之时，暮年的宋仁宗赵祯，已经没有心力再去支持王安石了。

从 1069 年（北宋熙宁二年）起，时年 48 岁的王安石被升为宰相，以财政问题为解决方向，推行均输法、青苗法、将兵法、保甲法、养马法等一系列变法事宜。同时，北宋依靠茶马贸易，每年从吐蕃采购马匹，来支撑宋军的战马储备。然而，施行短短 16 年就告终的熙宁新法已经无力回天。而保马法的取消，直接导致养马政策走向灭亡。到宋神宗末年，北宋国马的数字已经下降到了 3 万匹。

1127 年（北宋靖康二年）的正月大雪中，宋钦宗赵桓请降金朝。康王赵构南渡，从此，赵宋王朝彻底丧失了淮河以北的大片国土，苟安江南。

从羊到猪：从意气风发走向社会内卷？

虽然在江东、两浙、岭南都有土产羊，但比起河西、陕西、河东，差的不是一星半点儿。绍兴年间（1131—1162 年），宋人周辉前往金国办事，彼时，临安的集市上羊肉质量已经非常不好，不但羊还没有狗大，价格也贵。而在金国境内，羊肉质量却很好，肥美鲜嫩（宋·周辉·《清波杂志》）。

由于羊肉的来源不断减少，南方的羊肉价格也在不断攀升，绍兴年末，平江的一个小税务官高公泗就苦叹"平江九百一斤羊，俸薄如何敢买尝"。而在当时，一个县尉的俸禄不过 7700 文铜钱。

◎ 《百马图》卷（局部）

元 佚名。这幅图卷包括了洗马、驯马、喂马等诸多流程。马在古代是农业生产、交通运输和战争等活动的主要动力之一。

尽管如此，官家们还是勉力维持"祖宗家法"。绍兴年间，内宫还规定，皇太后应每月食料羊 90 只。但此时，民间百姓餐桌上的食物种类其实已经在悄悄地发生变化。

自占城稻在南方的推广开始，不管是主粮结构、耕作方法、烹饪形式，中国人吃粮已经基本完成了从中古向近世的转型。华夏民族自黄土高原一路向南发展，其命脉随着粟—小麦—水稻的作物变化，至此完成了从黄河文明向长江文明的转移，延续了民族的血脉。

除了主粮结构发生变化外，肉食更是如此。1080 年（北宋元丰三年）二月，苏轼因"乌台诗案"贬谪黄州团练副使。吃不到羊肉的苏轼，只能弄些猪肉来解馋，还发出了"黄州好猪肉，价贱如泥土，贵者不肯吃，贫者不解煮"的窃喜（宋·苏轼·《猪肉颂》）。而自偏安江南后，到 1172 年（南宋乾道八年），陆游奉诏入蜀，此时，猪肉在他的眼中，已经是"东门彘肉更奇绝，肥美不减胡羊酥"的美味了。随着人口重心向南移动，南宋成为中国人肉食消费转向猪肉的决定性时期，由此取代了自魏晋开始的羊肉主导地位。

即使是在蒙元时代的 1346 年（元至正六年），当旅行家白图泰来到中国走访在民间时，"惟羊肉在中国颇罕，恒不易见"（摩洛哥·白图泰·《白图泰游记》）。

而到了明清时期，人口增长重新恢复并进入快车道，因人均占有的土地日益减少，人们选择更多地食用粮食，而不是高品质的动物蛋白，并且青睐种植玉米、番薯等高产的外来作物，以养活更多的人口。

在"寸土无闲"的种植业社会，由于牛会踩踏田地，连养牛都随之受到了质疑。即便是著名的农业科学家宋应星，都曾鼓吹由耕牛犁地改为由人来犁地，"会计牛值与水草之资……不若人力亦便"（明·宋应星·《天工开物》）。农耕中国，在这时已经彻彻底底地走向社会内卷化，直到有一天乡间的鸡犬机杼声被海外的汽笛利炮声打破。

但猪的特殊在于，它不需要太多空间，不仅能吃人的残羹剩菜，而且可以提供种植所需的肥料（这时，连南方的羊都变成了舍饲，如浙江湖州培育出的湖羊）。它已经和内卷化的明清农耕生活深度结合，成为在南方农区发展畜牧业的最佳选择。而中国人以猪肉主导的肉食结构的转型，到明清时期终于彻底奠定。

尾　章

当我们回溯这一切的时候，分明能够看到，小小的一只羊成为北宋"冗兵""冗官""冗费"等严重弊政的"照妖镜"。

不知道，当宋仁宗赵祯在疼惜御厨里的烧羊时，会不会想起那些被羊驱赶出草场的军马。

也不知道范仲淹、欧阳修、苏轼、王安石、司马光、沈括这些大宋"学霸天团"，在一边大啖羊肉一边互相指摘的时候，有没有看清楚这个国

◎ 宋高宗赵构像

赵构（1107—1187 年），宋朝
的第十位皇帝，也是南宋开始
的第一位皇帝。

家到底哪里出了问题。

也不知道官家赵构在吃着远不如北方的南方羊肉时，是不是会想起两
位先帝，曾在北国风霜中，承受着女真人"牵羊礼"的耻辱。

如果唯心一点的话，笔者会突然想到，当施耐庵提笔讲述《水浒传》
故事的时候，竟将"张天师祈禳瘟疫，洪太尉误走妖魔"这第一回，就设
定在了 1058 年，也正是王安石写下"万言书"的宋仁宗嘉祐三年。

豆腐为中国人打开了新世界的大门

　　中国人对待豆腐这种独特的食物，可谓殚精竭虑。除了豆腐做法分南北外，豆腐也被用来拌、煮、卤、扒、煎、炒、炸、炖，成为中国人餐桌上经久不变的一道家常菜。人民困顿的生活里如此缺乏色彩，动物蛋白总在九霄云外，豆腐和冻豆腐、豆腐干、千张、毛豆腐、腐乳这些"分身"们一起，化作贫瘠餐桌上的一道道光，熠熠生辉，渗透进中国人生活的角落，并且根深蒂固。

　　尽管至今为止，我们还没有确认，豆腐的发明究竟是谁的灵光偶现，然而一个时间上的巧合是，当一个官衔极低的地方官员在菜市买豆腐的习惯被偶然记录在案之后，一场剧烈的变化就像大豆蛋白凝结的过程一样，神奇地发生了。从寻常百姓的一日三餐，到人声鼎沸的瓦肆生活，还有不断冉冉升起的寒门子弟，乃至整个时代经济与文化的繁荣景象，都与过去两千多年的中国大相径庭了。

　　已经没有人知道，当来自福建泉州的年轻人林洪，在南宋都城临安受到那些自命学识渊博的诗翁们讥讽时，内心曾经掀起过什么样的波澜。

　　这是大宋官家南渡、暖风熏得游人醉的时代。这个自号可山的青年，

◎ 剔红梅妻鹤子图圆盒

明 剔红漆器。盖面雕"梅妻鹤子"图纹，盒身雕花卉纹。林逋，宋代名士，宋仁宗赐谥号"和靖先生"。林逋无妻无子，孤居山中，喜养白鹤、种梅花，故人称"梅妻鹤子"。北京故宫博物院藏。

从八闽大地来到临安，求学于官方学宫，盼望着跻身仕林。可惜的是，他最终没能完成全部的学业，最后从学宫肄业。这样的履历本来并不代表什么，只要吃得十年寒窗苦，大宋官家还是很愿意给这些读书人机会的。然而，事情就坏在，林洪在言谈笔墨间提到自己是曾被宋仁宗赐谥号"和靖先生"的隐逸诗人林逋的七世孙。

而林逋之所以闻名整个大宋，除了他的诗文之外，恰恰就是他结庐西湖孤山、"以梅为妻、以鹤为子"的清高。林洪此言一出，立即引来了许多人的质疑，甚至有人作诗嘲笑他："和靖当年不娶妻，只留一鹤一童儿。可山认作孤山种，正是瓜皮搭李皮。"（元·韦居安·《梅磵诗话》）

从此之后，林洪似乎再也没有留恋登上庙堂之高的功名，转而奔向江湖之远，流寓于各地。在远离仕林喧嚣的山野间，他沉浸于文房的笔墨纸砚（《文房职方图赞》）、起居于日常的插花种竹（《山家清事》），以及各种野居山林的饮馔。他在属于自己的庖厨中，侍弄花、草、藜、藿各色食材，组成了近百种奇妙菜肴。而洁白如玉的豆腐也成为他自抒高洁，并且穿越时空与文豪们以诗"神交"的纽带：

东坡豆腐

一种方法是将豆腐用葱油煎后，再取一二十只香榧炒焦，并研成粉末，加上酱料，然后同豆腐一起煮；另一种方法，是纯用酒煮油煎过的豆腐。

　　雪霞羹

　　采芙蓉花择去花芯花蒂，水焯过之后和豆腐同煮。两种食材红白交错，仿佛大雪过后放晴时的红霞。也可以加入胡椒、生姜来调味。

　　自爱淘

　　炒葱油，加入醋糖和酱制成齑，或者可以加入豆腐以及乳饼，等到面条煮熟，过水，和着茵陈一起吃。吃的时候，还需要配上一杯热面汤（以上，宋·林洪·《山家清供》）。

　　林洪舌尖上的"小确幸"，恰好记录了这样一种变化：豆腐、花果的入馔，不仅使素菜可以独立地支撑起一道完整的菜品，而且在烹饪的方式上也出现了炒、煎等手法。将形和色赋予这些不甚名贵的山家之味，又让它们有了如宋词一般的审美意境——正如卤水点豆腐所引起的神奇反应一样，这些饮馔的细节几乎被融进了有宋一代的方方面面，一切都开始变得不一样了。

　　从时间的维度上说，这个时代清新、娟秀却又充满烟火气息的人间光景，恰恰是和豆腐的兴起遥相呼应的。正是从宋代开始，中国开启了古今社会中最为重要的一次转变。

豆腐诞生的谜题

平民阶层的"小宰羊"

　　时间倒回"陈桥兵变"发生之前的岁月。在五代到宋初短短的50多年时间里，战乱频繁，农业凋敝。即便是在衙门里担任一官半职，也无法确保衣食无忧。在升州青阳县，县丞时戟的生活就过得有些捉襟见肘。因为平日里廉洁爱民，收入有限的他家里往往吃不上肉食。于是，他每天都会去市场上买几块豆腐充食（宋·陶谷·《清异录》）。

这是中国平民生活中极为平常的一幕，其间甚至带有一丝困顿的无奈。但它又是中国饮馔史上极其重要的一刻，目前已知最早的"豆腐"名称记载，就发生在这一句中。

有意思的是，豆腐在当时青阳县民的口语中被称为"小宰羊"。这个名称恰恰是当时饮食选择的真实反映：一方面，自魏晋时代，随着战乱造成的农业衰退和北方游牧民族入主中原，羊肉开始超过猪肉，一度占据了中国肉食消费的上风。从唐代到五代，包括宋太祖赵匡胤在内的许多中国人，仍沿袭着北朝风习，喜爱羊肉。

另一方面，作为中国人传统的主食之一，大豆一开始的食用方法主要是粒食、煮豆粥或制酱。但是，大豆如果直接粒食，蛋白质吸收率只能达到约65%，而且会导致人体消化不良。先民们即便不懂这其中的缘由，也一定能感受到消化不良的痛苦。但如果大豆制成豆腐，蛋白质虽然会损失一小部分，但吸收率能提高到92%以上，并且可以破坏有害物质。相比位居权贵的"肉食者"，大多数平日里不知肉味的平民，能够从豆腐中获得更多廉价的植物蛋白质。

家喻户晓而味美价廉、中国最有代表性的食物之一，甚至被奉为"第五大发明"的豆腐，又是如何走进中国人的生活？为什么要到这时，才能出现在平民阶层的菜单上，成为他们口腹中的"小宰羊"？

中断或是并不存在的线索

就在"豆腐"这个名称出现在历史记载中200多年后，南宋著名理学家朱熹在闽北南平生活期间，写下了那句歌咏豆腐的"早知淮南术，安坐获泉布"（宋·朱熹·《素食词》），并且在文末自注说，传闻豆腐是西汉淮南王刘安发明的。朱熹的这个论断也让豆腐的来历和淮南王的"黄白之术"联系了起来，使之带上了一丝传奇色彩。

大豆的种植、石磨的推广，都让豆腐诞生在西汉有了一定的可能性。而且，朱熹的推断在大约8个世纪后得到了一个可疑的印证——1959—1960

年，河南省考古工作者在密县打虎亭村发掘了两座东汉晚期墓。其中，在一号墓东耳室南壁的一幅石刻画像，被认为是描绘在一次宴会的后厨，人们对豆类进行加工，制作成豆腐的图像。

然而极为蹊跷的是，包括刘安本人和门客编撰的《淮南子》在内，从东汉豪族世家之子崔寔的《四民月令》，到北魏高阳太守、农学家贾思勰的《齐民要术》，再到隋代"尚食直长"谢讽的《食经》……至今为止，在现存的汉唐文献、文学作品中，既没有豆腐的蛛丝马迹，也没有刘安发明豆腐的记载。而且，对于豆腐制作中磨豆煮浆这一关键步骤，从魏晋到隋唐的各类以"浆"为名的饮品中，同样没有发现相关的记载。

曾被认为描绘做豆腐的打虎亭画像石，依然留下了众多疑团：整个画面没有煮豆浆的步骤，豆腐压水的方式也与后世大相径庭，而且石磨的模

⊙ 东汉周公辅成王庖厨图画像石

画像石分上下两部分，上半部分是周公辅佐成王的故事，下半部分是庖厨的场面。画面中宰猪、牵羊、杀鱼、烧灶，厨师各司其职。北京故宫博物院藏。

样也模糊不清……而和整幅画像的酿酒、饮宴联系起来后，这一系列的工序更像是酿酒备酒图。

从骑马民族那里学会了点豆腐？

就在人们对豆腐的身世一筹莫展的时候，一条新的线索出现了。正如羊肉作为一种北朝风习广为传播，经历了魏晋南北朝时期的民族大融合后，大量北方游牧民族的食物和饮食习惯也渐渐为汉民族所接受。同样，马背上的游牧民族也在受着汉族人民饮食习惯的影响。

就在隋代一统天下的短暂时光里，负责隋炀帝膳食的佐官谢讽，在他的菜单目录里，第一次记录了一种叫作"乳腐"的食材（明·陶宗仪·《说郛》）。"乳腐"又称"乳饼"，它的制作方法足以让人眼前一亮：

⊗ 《牧放图》

佚名。画面是一个游牧民族家庭于放牧中途休息的场景。画中男女老少，有三五成群聊天的，也有坐卧吃饭饮酒的，还有在一旁挤牛奶的。所绘的动物有骆驼、马匹、牛群以及牧羊犬。

乳饼

牛奶用绢过滤后倒入锅中，先煮沸再用水稀释，加入少许醋，使牛奶蛋白质凝固，然后再把凝固的蛋白质滤出用绢布包裹，以石块压制成型（明·李时珍·《本草纲目》）。

在胡汉饮食文化的相互影响、交流下，鲜奶被煮熟并加入调味料，制作出了"乳腐"。一个大胆的推论是，正是在唐代到五代民族融合的一个巅峰时期内，随着"乳腐"的制造技术日渐成熟，醋能使鲜奶凝固的工艺特性启发了农耕民族。他们通过不断的尝试，终于创造性地将大豆磨出的豆浆煮熟，再通过点卤来使之凝固，无师自通地实现了分离和凝固植物蛋白。

大豆被磨成豆浆后，豆子里溶出的蛋白质被水包围分隔，聚不到一起；当卤水点入后，蛋白质分子们突破了水的包围，凝聚在一起，反而将水包围其中，豆浆凝结成豆脑；经过压制，便能得到外表洁白无瑕、口感柔嫩如酥的豆腐。

而到了唐宋交替之时，县丞时戢生活的淮南，已经有人专门制作豆腐，并在菜市上出售，且已经成为普通大众日常的食物。很快，随着一个新王朝的诞生，它也将迎来自己大放异彩的时代。

从肉食为美到素食为雅

官方吃素指导意见

1091 年（北宋元祐六年）三月十八日，正是五鼓时分。从杭州回汴京路上的苏轼，从夜泊吴江的船上惊醒过来，他梦见了自己的好友、著名僧人仲殊长老正在弹一把破损的十三弦。正当苏轼起身将这一梦境写下来的时候，仲殊恰好叩舷来见，他不禁为这种心灵相通而惊叹（宋·苏轼·《杂书琴事》）。在过去的数年中，喜欢与僧人对禅的苏轼，和仲殊往来密切。而平日里都嗜好食蜜的仲殊和苏轼两人，更是常常一起吃一道小食：

> 蜜渍豆腐
>
> 不管是豆腐，还是面筋，或者牛乳（乳饼）之类，都用大量的蜜腌渍之后食用。一般人都难以下筷，只有苏轼能和仲殊一起吃到饱（宋·陆游·《老学庵笔记》）。

名刹古寺自行研制各种全素菜肴，达官文人与高僧们结交往来，就禅刹素食，这种偏好还要从 500 年前南朝四百八十寺的烟雨中说起。

511 年（南朝·梁天监十年），梁武帝萧衍在全国发布了一篇《断酒肉文》。这位虔信佛教、深谙佛理的帝王，引用了大量大乘经典依据，说服甚至是要求僧人断鱼肉而食菜蔬。

　　紧接着，梁武帝萧衍又进一步发布了诏令，正式去除了郊祀、太庙两处祭祀所用的牺牲，全部改为以面粉制成品来代替，而设筵款待朝礼的来宾时，也用菜蔬来代替肉食，太医也不可用虫畜等药物，纺织品也不准描绘鸟兽形象（南朝·萧衍·《断杀绝宗庙牺牲诏》）。而梁武帝萧衍本人更是身体力行，终身吃素。不过，他令宗庙不血食，极大地触动了传统礼制的底线，自然也不会受"肉食者"们的推崇。但与佛教有关的食素之风却从梁武帝开始，进而影响后世。

　　不过，由于蔬菜的叶、茎、果不太适宜用炸、烤的方式烹饪，在这之

⊗ 梁武帝萧衍像

萧衍，字叔达，南兰陵（今江苏常州西北）人。齐末时为雍州刺史，时任昏君萧宝卷荒虐无道，他便拥立萧宝融，起兵造反，自封梁王，后又代齐建梁。在位期间崇尚儒学和佛道，广修寺院。549年，东魏降将侯景带兵叛乱，围困都城，最终，萧衍饿死于台城。

◎ 舍身佛寺

选自《帝鉴图说》之下篇《狂愚覆辙》。梁武帝萧衍对佛教极度虔诚，舍道归佛，曾屡次舍身佛寺，大臣们花费了巨资才将他从佛门赎出。

前的岁月里，它们更多是被人们用煮的方式，直接和主粮共食，或者被做成羹来佐餐，无论是口感还是美感，都凸显了和肉食之间的那种"阶级落差"。菜蔬素食还远未达到能在"美味佳肴"中占据一席之地的程度。

走！加餐去！

正是在梁武帝萧衍生活的时代，在北方中国，历史上第一道被记录的"炒菜"出现了：炒鸡子在前文《香油，令樯橹灰飞烟灭的魔鬼》中已有叙述。

因为铜的价值在古代很高，所以并非人人都能使用铜制的烹饪器具。但是，贾思勰已经注意到，在市面上已经有制作精良的铁锅出售（北朝·贾思勰·《齐民要术》）。

后来，随着煤的广泛开采和使用，全国的冶铁量大增，年产量可以达到约 1000 万斤。而更耐高温的铁锅开始进入平常百姓家中，使煎炒烹炸等烹饪方式普及开来。

菜蔬素食的风气、铁锅炒菜的技艺、称得上"小宰羊"的豆腐，三者在唐末五代到宋初的这个时间点上巧妙地相逢了：

炒锅炒法的普及，让菜蔬在烹饪时保存了更多营养价值，也有了更好的口感；有了这样的条件，不管是蔬菜，还是花朵瓜果，都更易于成为入馔的食材；而豆腐和各种豆腐制品的加入，让素食变化出了更多的形态，同时也让人们补充了宝贵的蛋白质。豆腐和各种菜蔬，一同组合成了各种色香味俱全的菜肴。

更为重要的是，就像买不起肉的县丞时戢还是能消费得起"小宰羊"的。相对低廉的素食食材和富于变化的组合烹饪方式，让普通百姓的副食选择面迅速拓宽，不管是营养需求，还是对美食的消费需求，都得到了更好的满足。

在这样的背景下，原本一日两餐的饮食习惯已经不能满足世人的胃口了。

⊗ 铁匠冶锅

选自《清代民间生活图集》。

⊗ 街头卖铁锅、刀子

选自《清代民间生活图集》。

从此沉寂的街鼓声

955 年（后周显德二年），住在汴梁城中的后周世宗柴荣也对宫城外日渐逼仄的城市景象，看得心烦气躁。当初宣武军节度使的治所、如今的东京，原本就不太大，随着人口越来越多，不但各类政府机构无处营建，老百姓的屋舍交连，有火灾之忧，而且城中商户还明目张胆地"侵街"占地经营，凿坊墙而出。于是，他下诏重新扩建汴梁城，并且作出一个重要的决定：政府规划好公共用地后，剩下的地方由百姓自主来营造（后周·柴荣·《京城别筑罗城诏》）。

曾经提示长安宫城宫门、京城城门等开关时间，标志着宵禁制度的街鼓声，到宋仁宗皇祐年间（1049—1054 年）的汴梁城中已经再也听不见了（宋·宋敏求·《春明退朝录》）。宋太宗和宋真宗曾竭力希望恢复的"坊制"，此时终于隐入了历史的帷幕之后。

多年以后，在躲避战乱流寓江左的日子里，一幕幕热闹温暖的汴梁景象又会闯入前汴梁市民孟元老的梦境中来：在那个已经远去的太平盛世里，到处是青楼画阁，绣户珠帘，箫鼓喧空，几家夜宴（宋·孟元老·《东京梦华录》）。

经历了数代的变迁，和昼夜分明、坊市井井的盛唐长安相比，北宋京师汴梁城已经完全是另一番繁华：入夜后，市民们仍可在街道上散步、游玩，流连在城中的娱乐场所。挨着潘楼街是中瓦、里瓦等瓦子（娱乐场所），里面有大小不等的勾栏（演出场所），最大的勾栏甚至可以容纳几千名观众，还有各种商贩、手艺匠人和小吃摊。在这琳琅满目的瓦子里逛着，日子就会过得飞快。

城市生活时间延长了，也让原本体现等级制度的用餐制度完全被打破了。这时的汴梁，普通的市民正式开始了一日三餐，街上也有各种供应晚间活动的吃喝。这样的生活，根本不会令人厌倦和满足：

从土市子往东到十字大街，有清晨五更天就开张、天破晓就散摊的早市；而在十字大街继续向东到旧曹门街，人们往往在夜晚时来到北山子茶坊喝茶游玩；而太庙街上有家叫高阳正店的酒楼，到了晚上生意特别兴隆。

汴梁的这些酒店、瓦子，不论风雨寒暑，也不管是白天、子夜甚至凌晨，营业都从无停歇。更不用说著名的州桥夜市，满街都是价廉物美的"杂嚼"小吃，烹饪手法也是各式各样，而且一直营业到三更（宋·孟元老·《东京梦华录》）。

事实上，这样繁荣的商业景象不仅限于京师汴梁，消费的扩大和生产的发达，加上物产流通的频繁，促使着运河沿线和贸易中心地区涌现出大量如汴梁那样的大都会和商业城市。

普通的汴梁市民可以流连于各种消费场所，享用一日三餐，这样的生活方式一定是建立在食物和烹饪方式的进一步丰富基础之上的。充足的食物为更多、更集中的人口提供了条件，也让更多的人能够脱离农业生产，投入其他各行各业中，又反过来促进了社会的繁荣。而这其中，豆腐和豆制品作为日常饮食的主要蛋白质来源，也降低了人们对动物蛋白的需求，一定程度上为人口增殖和集中创造了空间。

在这安定、繁荣的景象下，一些人的人生就有了另一种可能性。

寒门贵子

一群清新朝气的新科进士

980 年（北宋太平兴国五年）闰三月，由文明殿学士程羽担任权知贡举、主持的科举考试，在讲武殿经过了宋太宗赵光义的当面复试。这一年的进士科，包括 22 岁的四川铜山士子苏易简在内，共有 119 人（元·脱脱·《宋史》）。这一年的进士中，名臣众多，多人先后拜相，堪称宋代第一次"龙虎榜"。而在这些新科进士当中，一股清新的朝气正在冉冉升起。

后来有"圣相"美誉的李沆，先祖仅为九品的团练推官；宋真宗时拜相的向敏中，父亲只是一个县令，20 岁那年父母相继去世，家境贫寒；寇准先祖不仕，父亲曾在后晋及第，但在乱世中也难以发挥才能；后来发明了"交子"的名臣张咏，少年生活也十分贫困……而同榜出身于四品及以

上高级官员家庭的士子，只有陈若拙、晁迥两人。从宋初开始，寒素家庭的读书人，在科举考试中迅速崛起——过去 1000 年中"士庶天隔"的板结状态终于被打破了。

早在汉代开始，察举制就成为中央政府选拔官员的重要制度。随着东汉世家大族的力量一再膨胀，把控朝政，甚至垄断了整个教育。而曹丕采纳尚书令陈群的意见，制定了九品中正制的选官制度，到西晋时逐渐完善，从此成功实现了"上品无寒门，下品无世族"的垄断。

直到"旧时王谢堂前燕，飞入寻常百姓家"的南北朝时期，科举选官终于开始萌芽，并且提出了寒门庶族子弟也可以因才录用。尽管科举制在唐朝真正成形，但世族势力经久难衰，一个人能否走向成功，依然受到家庭出身、社会关系、个人风评的影响。考生在考试之外，还可以将自己的

◇ 引衣容直

选自《帝鉴图说》之上篇《圣哲芳规》。寇准为人刚正敢言，大臣在朝堂奏事时因不合宋太宗的意思，宋太宗欲罢朝回宫。寇准扯着宋太宗的袍服，请他解决完事情再走。宋太宗见他如此忠直，便说自己得了寇准如同唐太宗有魏征一样。

诗文投给达官显贵，作为"行卷"以求推荐，公卿大夫也可以向主考官定向推荐人才。

也正因此，在有唐一代的大部分时间里，寒门子弟想要出人头地依然是一件难事。直到唐末乱世，世家门阀才终于烟消云散。伴随着汴梁城中街鼓声的消失和瓦子的兴盛，寒门庶族平民终于有了一条现实的上升通道。

"拼爹"在这个时代不流行了

回到这个故事的开头，那位年轻的福建士子林洪，在他的身世争议中，

⊙ 《宋人殿试图》

宋代科举考试，要历经解试、省试、殿试三试。解试通过的考生称为"举子"或"贡生"，次年初春参加省试。而殿试制度也是在宋朝才有，始于宋太祖开宝六年（973年），由皇帝亲自主持。宋朝改革科举制度，不但减少了舞弊，选拔了有真才实学的人，而且通过科举制度进一步加强了中央集权。

或许还有另一种可能性：那些讥笑他的人们，其实并不在意他的出身，因为朝廷已经给了读书人一条眼见为实的上升通道，只要他们腹中有诗文，就能够考取功名，成为从官方到民间都会认可的新贵。如果学业未成而论出身，那反而是当时社会并不以为然的做法。取士不问家世，正是宋代科举制度的特色。

1030 年（北宋天圣八年），在那个父亲只是普通衙役、曾经的天才少年晏殊的主持下，这一年的科举，一个来自庐陵的 23 岁年轻人以殿试第十四名的成绩，位列二甲进士及第。这位年轻人，名叫欧阳修，在 4 岁的时候就失去了父亲，家境贫困，母亲只能以芦荻作笔，在地上教他学习写字（元·脱脱·《宋史·欧阳修传》）。

又二十七年（1057 年，北宋嘉祐二年）后的正月，已经成为翰林学士的欧阳修任权知贡举，主持当年的科举考试。这一年，来自四川眉州的年轻人苏轼以一篇《刑赏忠厚之至论》，让大力提倡古文的欧阳修大为惊喜，从而夺得榜眼（元·脱脱·《宋史·苏轼传》）。包括苏轼的弟弟苏辙、后来同列"唐宋八大家"的曾巩在内，这一榜进士人才辈出，星光璀璨，成为后世传颂的"千年进士第一榜"。在日后接过欧阳修文坛大印的苏轼的祖父，也只是四川眉州农村的一个小地主，父亲苏洵更没有中过进士。

包括晏殊、欧阳修、苏轼在内，宋代名臣中如宋郊、宋祁、范仲淹、王安石、文天祥……都没有显赫的家世，而是凭着文采与知识，在士大夫中脱颖而出。根据后世统计，《宋史》列传中的北宋人物，出身于高官家庭的在 1/4 左右，而出身于布衣的则超过 1/2；到北宋中期，布衣出身以科举入仕的官员比例，超过了 3/4；到北宋晚期更是超过了 4/5。

在这种社会风气下，哪怕是高官子弟有"荫补"入仕、成为基层小官的通道，却不能保障他们擢升。为了能够更好地升迁，他们更愿意通过自己高中进士而平步青云。

有宋一代，官家"重文抑武"的国策、市民生活的繁荣、教育的普及程度、造纸和印刷术的进步，还有在年复一年科举中及第的寒门士子的榜样作用，彼此关联、相互促进着，进而也让一整个时代都发生了全新的变化。

豆腐写进了官家的菜单

事实上，也正是在欧阳修、苏轼们的带领下，中唐时韩愈和柳宗元的文学复古之志，在这个时代掀起了浩大的声势，绮靡晦涩的"贵族文风"被一扫而清，而先秦两汉古文中那种平易畅达的"平民文风"被大力推崇。从此以后，"唐宋八大家"也成了中国散文界的楷模，他们所带来的这种影响，一直持续到五四新文化运动推行"白话文"以前。

除了诗词歌赋的本业之外，这些从平民当中冉冉升起的"白衣公卿"，也将他们的种种品位带给了这个新的时代。

1160 年（南宋绍兴三十年），陆游由福州被推荐到临安，成为枢密院敕令所删定官。他的一位同事闻人滋，平时喜欢结交朋友，不但家里的藏书喜欢借给别人，而且喜欢留这些朋友吃饭，吃的不过是简单清素的小菜。他还自称"开书店、开豆腐羹店"，自视品格平易清雅。

除了闻人滋这样的文人愿与市人交往之外，文人与僧人在素食上的亲密互动，在一时之间也蔚然成风，更被传为美谈。正如苏轼与仲殊的亲密友谊一样，高僧赞宁也曾假托"东坡先生"为名，在自己的博物志中记录下了豆腐菜肴：

煎豆腐

豆油煎豆腐，有味（宋·赞宁·《物类相感志》）。

文人们带来的风气，更是让素食得到了整个社会观念上的认同。唐代及以前，把控着话语权的"肉食者"们，皆以肉食为美，素菜并不被他们视为美食。而在有宋一代，代表了素菜最高成就的仿荤素菜，甚至连吃惯了山珍海味的皇族王公们也要品尝一二。在赵宋官家的筵席之上，都要安排假鼋鱼、假鲨鱼这样的仿荤素菜。

就在南宋理宗年间，曾在东宫担任过掌书官的陈世崇，偶然在一个破旧的小盒子中找到了几张由管理皇家膳食的司膳内人所写的纸片，而上面古代文人的聚会称为"雅集"，其中历史上最著名的雅集有两个：一个是东晋时期的"兰亭集"，另一个便是北宋汴京的"西园雅集"。"西园雅集"出名是因为当时李公麟的画和米芾的题记，以及出席雅集的名人骚客。

◎《兰亭修禊图》卷（局部）

明 钱榖。这幅画描绘了东晋王羲之《兰亭序》中的景象。崇山峻岭，树木茂盛，溪流蜿蜒，畔边众多文士雅集于此，文会赏景，溪中的酒觞自上游缓缓而下。美国纽约大都会艺术博物馆藏。

◎ 《摹仇英西园雅集图》轴

清 丁观鹏。雅集主要是志同道合的文人们聚会游乐，写字赋诗的聚会。

所记录的内容，是宋理宗每天要给太子圈定的一些膳食建议，而其中正有一道"生豆腐百宜羹"（宋·陈世崇·《随隐漫录·玉食批》）。

作为素食中的代表之一，豆腐已经从平民生活中肉类的代替品成为帝王餐桌上的"玉食"之一。也正是在这样一个时代中，豆腐才能伴随着布衣士子的跃迁，一步一步走向锦衣玉食的上流社会，为他们所熟知并接受，最终成为人们不可或缺的食物。

迈进新世界大门的时代

就在这个豆腐兴起的时代，往后千年的中国饮食格局和饮食习惯的基本模式渐渐形成了。不仅是饮馔，沿着这些布衣士子的脚步，豆腐洁白无瑕、温润如酥的外表和它内在产生的神奇变化，也与整个时代的美学与精神遥相呼应。不管是诗文、绘画还是书法，都显现出了一种"简古高远"的清新，而宋瓷外观简洁、色泽素雅，更是透着一股内敛的"极简"。士大夫们的雅尚追求，也将这个时代推向了文化与艺术的繁荣。

正如钱穆先生所说的那样："论中国古今社会之变，最主要在宋代。宋以前，大体可称为古代中国。宋以后，乃为后代社会……宋以下，始是纯粹的平民社会……其升入政治上层者，皆由白衣秀才平地拔起，更无古代封建贵族及门第传统的遗存。就宋代而言之，政治经济、社会人生，较之前代莫不有变。"（钱穆·《理学与艺术》）

但是，从另一个角度来说，豆腐和豆制品所提供的廉价植物蛋白，也为中国这片土地上容纳下更多、更密集的人口，提供了一个重要的补充条件。正是在宋代，中国的人口首次突破了一亿。充分供给的劳动力和消费者，创造出了商业繁华。但如果我们再向后数百年推演就会发现，它或许也带来了另一个隐忧：

中国人餐桌上的豆腐，被用来拌、煮、卤、扒、煎、炒、炸、炖，进而还变化出多种多样的豆腐制品，成为餐桌上经久不变的一道家常菜。动

⊙ 《清明上河图》（节选）

北宋 张择端。《清明上河图》，是中国古代十大名画之一。描绘的是北宋都城汴京街头，北宋画家张择端仅见的存世精品，属国宝级文物，绢本设色。现藏于北京故宫博物院。

物脂肪和蛋白，在人口日益繁多的生活中，总是因匮乏而无比宝贵。而豆腐和豆腐制品，则化作贫瘠餐桌上的一道道熠熠光芒，在喂饱人们的同时，也渗透进中国人生活的角落并根深蒂固——就像制作豆腐时必不可少的压水一样，人们在生存的重重压力下，在子孙后代的精神土壤里埋进了隐忍和韧劲，让他们在日渐逼仄的土地上，孜孜不倦地投入自己的劳动。

1101年（北宋建中靖国元年），翰林图画院画师张择端将汴河两岸物阜民丰的繁盛景象，绘成了一幅《清明上河图》长卷。这一年刚刚即位的宋徽宗赵佶，看了大为欢心，在卷首御笔题下五签，并且加盖双龙小印。图中所描绘的一切，与日后南下避难的汴梁市民孟元老所缅怀的一幕幕何其相似。

　　这一派"四海之珍奇，皆归市易，寰区之异味，悉在庖厨"的繁华，是否也是这个民族从此渐渐失去积极进取、最终落入保守停滞的肇始，那又将另当别论了。

白菜发动的弑『君』之战

在中国人的食谱中，除了作为根基的主粮之外，菜肴方面，蔬菜是当仁不让的主力，丰富多彩的蔬菜品种、眼花缭乱的烹饪方式，也是人们餐桌上的一道道风景。然而在先秦时代，祖先饭碗中的蔬菜远不如今天丰富多彩，在长达2000多年的时间里，独占蔬菜届鳌头的，是一种叫作"葵"的叶菜。

当时光走进12世纪，一场又一场冰冻和白雪，宣告着寒冷期的到来。就在这持续长达500年的冰霜岁月中，原本位于蔬菜行列边缘的白菜，横出江湖，将葵菜从"百菜之王"的宝座上拉了下来，并繁衍出了庞大的家族，给中国人留下了"百菜唯有白菜好"的记忆。

这场蔬菜届的弑"君"之战，就从靖康年的那场大雪开始，悄然发动了。

1126年（北宋靖康元年）闰十一月以来，无边无际的大雪洒向整个中原大地。雪深数尺，"人多冻死"。围困首都汴梁的金军，已经让宋钦宗赵桓完全失去了最后的抵抗意志。二十四日、二十五日，暴雪连续大作，金军借雪势发起了进攻，轻松攻破了东京汴梁。

5 天后，宋钦宗赵桓正式出城，递上降表。自北南下的严寒并没有止步，自这年的十一月到 1127 年（北宋靖康二年）的正月，大雪一直没有停歇，曾经壮丽辉煌的宋都汴梁仿佛就这样被大雪湮灭。

火光照亮飞雪，在随着人流南渡的颠沛流离和饥寒交迫中，一幅热闹温暖的幻象，又闯入东京人士孟钺（元老）的梦境中来：宣和年间，大雪往往连月而降。立冬前 5 天，不管是皇宫还是民间，都得囤上大量的"冬菜"，东京城里又喧闹起来，来往运送"冬菜"的车马，充塞了大大小小的道路（宋·孟元老·《东京梦华录》）。

这一幕，仿佛是数百年后北京城里人们冬储大白菜图景。就像苏轼说的那样，"白菘类羔豚，冒土出蹯掌"。此时此刻，想起东京城里如山的白菘，又该是怎样凄凉的故国怀念。

这一年的深秋，在江西吉州杨家，一个叫"万里"的男孩呱呱坠地。成年后的他，在自己的诗中第一次用了"白菜"这个名称。在百菜之中位列"杂菜"（元·《农桑辑要》）、隐而弗彰的白菜，从此时起开始了它的逆袭之战。

谁也不曾想到，这是宋人留给马背上的征服者的"诅咒"，却又是对整个华夏民族最为深厚的祝福。这片土地上的人往后可能有半条命，都要靠它来熬过长达 5 个世纪饥寒交织的冰霜岁月。

天降冰雪于华夏，必先留下一颗种子

靖康年的寒冷，只经历了短短一段时间。自 1206 年孛儿只斤·铁木真建立大蒙古国以来，广袤的土地上一直风调雨顺，灾害罕至。谁知，那一年的大雪，竟会是中国此后 500 年冰霜岁月的序章。

这种人力之外的无差别攻击的可怕之处，孛儿只斤·忽必烈自夺得大汗之位不久，就切身感受到了。

从铁木真到蒙哥，在 13 世纪最初的五六十年中，有记载的天灾不过仅

◎ 元太祖像

李儿只斤·铁木真
（1162—1227 年），
1206 年建立大蒙古
国，尊号"成吉思
汗"。1227 年伐西夏、
金时去世，后元世祖
忽必烈追尊成吉思汗
为圣武皇帝，庙号为
太祖。

仅是个位数，但在元世祖忽必烈建国号为元、定都大都、大举伐宋的至元
年间（1264—1294 年），水、旱、蝗、雹、震、霜等自然灾害，突然增加
到了 277 次。

看到这些报告的元世祖忽必烈一定会想起，在元太祖铁木真时代一场
有关帝国政策的辩论中，就有人提出："汉人无补于国，可悉空其人，以为
牧地"（明·宋濂、王祎等·《元史·耶律楚材传》）。元世祖忽必烈自然懂
得天灾对于马背民族的伤害更为剧烈，而且他掌管漠南汉地，更应该推行
"国以民为本，民以衣食为本，衣食以农桑为本"（明·宋濂、王祎等·《元
史·食货志》）的政策。也正因此，在他的命令下，司农司编纂的《农桑辑
要》问世。

果然，短暂的温暖告终，真正的严寒到来了。

根据各种史料重建的寒冷指数显示，从 1300 年开始，中国的全国平均
气温开始持续下降。1301 年（元大德五年）以后，北方草原及农牧交错带
大风雪的记载明显增多，多次发生白灾；北方农作区也开始有不少路府发
生大雪奇寒；甚至南方历来无冰雪区，也发生结冰、降雪现象。1309 年（元
至大二年），无锡一带运河结冰。1314 年（元皇庆三年、延祐元年），平素
无冰的岭南地区都结冰了（明·宋濂、王祎等·《元史·卜天璋传》）。

除了雪灾，霜冻灾害的频率也在增加，13 世纪后 40 年中有 13 个农作物霜冻年，平均 3 年中有 1 年发生霜冻；14 世纪前 68 年中有 25 个农作物霜冻年，平均 2.7 年发生 1 次。

在越来越冷的岁月里，吃饭的问题就更加凸显了。谷不熟为饥，蔬不熟为馑。除了必须保证的主粮之外，副食蔬菜对于中国人来说也是不可或缺的。而在副食蔬菜方面，白菘（白菜）在汉代已通过芜菁和小白菜杂交栽培而出，经唐宋时期的选育，到南宋时，已经育出了台心矮菜、矮黄、大白头、小白头、夏菘、黄芽等品种。

有着"性凌冬不凋，四时常见，有松之操"的白菘，即将在漫天霜雪中，踏上先"北境之主"、后"百菜之王"的征途。

十字花的北伐，白菜驯化了套马的大汗

1330 年（元天历三年），元文宗孛儿只斤·图帖睦尔，收到了饮膳太医忽思慧呈上来的书稿《饮膳正要》。忽思慧负责宫内的营养保健，大汗十分信任他。当然，除了各类食材功用介绍和保健知识之外，皇帝注意到，书稿里还有一章"聚珍异馔"，是忽思慧专门列出的菜谱，除了族人爱吃的羊肉之外，白菜第一次出现在了皇帝的御膳菜单上：

> 阿菜汤——补中益气
> 羊肉（一脚子，卸成事件）、草果（五个）、良姜（二钱）
> 上件，同熬成汤，滤净，下羊肝酱，同取清汁，入胡椒五钱。另羊肉切片，羊尾子一个，羊舌一个，羊腰子一副，各切甲叶；蘑菇二两，白菜，一同下，清汁、盐、醋调和。

忽思慧在《饮膳正要》中描述的白菜形态已不再是塌地生长的了，而是外叶向上拢起的抱合状态，并且直接称为白菜。看完这份营养食谱，元

◎ 白菜

选自《中国清代外销画·植物花鸟》。

　　文宗图帖睦尔很是欢喜，命令将这本书刊印发行全国，并在书稿上批示道："兹举也，益欲推一人之安而使天下之人举安，推一人之寿而使天下之人皆寿，恩泽之厚岂有加于此者哉？"

　　皇帝的口味当然也得到了民间呼应。1332 年（元至顺三年）十月，大翰林欧阳玄漫步在元大都（今北京）的街头，就看见家家户户储备经了霜的白菜，作为过冬的蔬菜（欧阳玄·《渔家傲·十月都人家旨蓄》）。

　　在种植方面，江浙的庆元、嘉兴、镇江等地都是"菘"的主要种植区。1334 年（元元统二年），当时任中书参知政事的许有壬，在赴元上都（今内蒙古锡林郭勒盟正蓝旗境内）视事时，他在草原上了解到了各种当地特产，当地的人们不仅饲养黄羊、酿造马奶酒，居然还种了白菜（许有壬·《上京十咏·其七》)。

假重视农耕的皇帝之手，十字花科芸薹属的白菜，正一步步地扩大它所控制的版图。很快，它还将迎来天降冰霜的助威。

遭到"冷遇"的百菜之王

深爱汉文化的元文宗图帖睦尔没有意识到，他用汉字写下的那道批示，颇有些"何不食肉糜"的意味。就在这一年（1330 年），江浙、湖广大水，饥民 405570 余户，入不敷出的中央政府只能允准江浙行省"入粟补官"。而这仅仅是元代频繁爆发的自然灾害中的一次罢了。

寒冷与饥馑的诅咒应验了。正如前文所述，在变得越来越寒冷的 14 世纪里，除了年复一年的寒冬之外，水、旱、蝗、雹、震、霜等灾害也愈演愈烈。据《元史·本纪》与《元史·五行志》记载，在蒙元时期，从 1238 年（太宗窝阔台十年）到 1368 年（元至正二十八年）的 130 年间，发生的自然灾害竟达到 1512 次！

频繁而又沉重的自然灾害，严重影响了农牧业经营，"杀麦禾""杀菽""杀稼"。随着气候转寒，蔬菜的有效生产时间不足，也加大了对藏菜的需求。这种状况下，中国人自古以来的传统蔬菜——葵，就遭遇了"生存困境"。

自先秦开始，葵就是中国人餐桌上最普遍的蔬菜。《诗经》中提到的 30 多种蔬菜，葵菜就位居其中；而《黄帝内经》中有了"五菜"的概念，即"葵、藿、薤、葱、韭"五种，其中葵位列第一。在《齐民要术》中，葵位列蔬类的第一篇，并详细地介绍了它的栽培方法，相比之下，这时候的"菘"仅仅作为蔓菁的附录。

葵能够在 2000 多年的时间里独占蔬菜届鳌头的原因在于，一方面，在众多的蔬菜品种中，它可以四时种植供应，从开春的正月到入夏的六月，再到中伏后入秋，全年可种，也是四时之馔（汉·崔寔·《四民月令》），这

⊗ 葵菜

又名冬葵。李时珍说："葵菜，古人种为常食，今种之者颇鲜。"选自《诗经名物图解》，细井徇绘。

韭

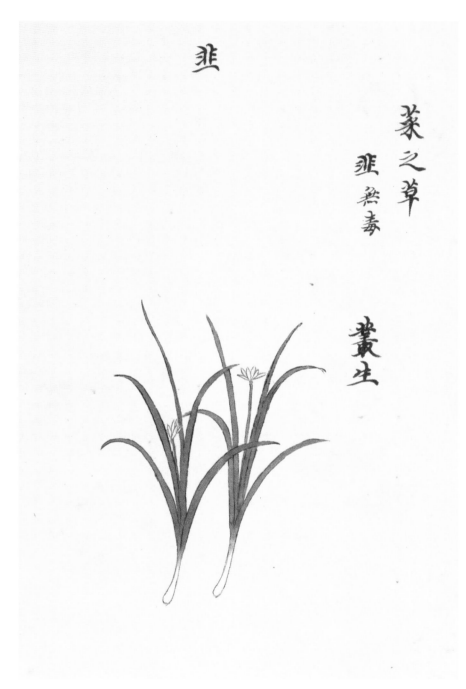

菜之草

韭 然毒

叢生

⊙ 韭菜

　草本植物。开白花，叶子供人食用。选自《中国自然历史绘画·本草集》。

对原本蔬菜品种并不算丰富的中国古人来说非常重要；另一方面，葵菜含有黏液，煮后有肥嫩、滑腻的口感，在宋代之前，植物油还未得到充分发展，炒锅和炒菜也还未广泛普及，它自然受到人们更多的青睐。

但自从有了白菜，葵菜的不足便逐渐显露出来。虽然葵菜全年都可种植，但是它的单位产量还不到白菜的一半。而且，葵菜虽然鲜食口感爽滑，但并不适合储藏。贾思勰尽管详细介绍了葵的种植技术，但基本上没有提到葵菜作菹（酸菜），并评论说"世人作葵菹不好"（北魏·贾思勰·《齐民要术》）。

那么，随着12世纪后气候持续转冷，蔬菜生产的淡季延长，人们对冬季储藏蔬菜的需求就越发紧迫了。而相比葵菜，经霜后的白菜，口感还会提升一个层次，"拨雪挑来踏地菘，味如蜜藕更肥醲"（宋·范成大·《冬日田园杂兴》）。白菜不管是种植还是储藏，恰恰适应了转寒的气候，而在中国北方更为漫长的冬季里，这种特性更为突出。

除此之外，蔬菜的叶、茎、果不太适宜用炸、烤的方式烹饪，从先秦到唐代，它们更多是被人们用煮的方式，直接和主粮共食，或者被做成羹来佐餐，还远未达到能在"美味佳肴"中占据一席之地的程度。也正是从宋代以降，植物油的发展，炒锅和炒法的普及，让蔬菜在烹饪时保存了更多的营养价值，有了更好的口感，也让人们吃蔬菜的时候，不必再对葵菜带来的"爽滑"口感依依不舍。

另外，宋代消费人口的增加和适宜的气候，使白菜的近亲油菜所取的油菜籽油产量迅速增加。油用油菜在南宋时期有了广泛的种植，它比芝麻油更为清香，迅速得到了百姓的青睐，也助推了炒菜的普及。

炼狱般的扬州残城，长满救饥的白菜

在中国人传统的食物结构中，蔬菜占有举足轻重的地位。除了日常的饮食结构中蔬菜占据重要的地位之外，在遭遇自然灾害、主粮歉收的年月

◎ 卖白菜

选自《清国京城市景风俗图》。

中，许多饥民也需要依赖蔬菜（包括野菜）来果腹活命。

正如王祯所说："蔬、果之类，所以助谷之不及也，夫蔬蓏，平时可以助食，俭岁可以救饥。"（元·王祯·《王祯农书》）蒙元时期连年的自然灾害与绝收之后，就是各府路饥馑不断。白菜的产量很高，宜种地广，比起主粮来成熟期也短，这也让饥馑年份里的人们选择白菜成为可能。

1357 年（元至正十七年），明太祖朱元璋麾下的徐达、汤和带领浙东 15 万兵马，从青衣军元帅张明鉴手中解救了如人间炼狱般的扬州（《明史纪事本末》）。朱元璋的军士们发现，原本繁华的扬州城里，倒塌的残垣断壁间，长满了白菜，大的足有 15 斤，小的也有八九斤，膂力强劲的人也才能抱起四五棵。这一幕，后来为这些浙东军士的黄岩同乡陶宗仪所闻，记载进了《南村辍耕录》中。

频繁而又沉重的自然灾害，导致马背上的统治者在疲于防灾、赈灾中走向弊病丛生，到后期陷入财政危机、滥发纸币，从而经济崩溃。因灾害和破产无法谋生的人们只得铤而走险，全国各地举义不断，元帝国也在四处镇压中迎来了末日。

为华夏民族扛过 500 年的冰雪岁月

1368 年（元至正二十八年）七月二十八日，元代最后一位皇帝孛儿只斤·妥懽帖睦尔纵马北遁，此时距离南宋都城临安城破，不过 92 年。

而当初藏在"杂菜"一类角落中的白菜，已然完成了它的转折之役。就在忽思慧的书稿里，中国一直以来的"百菜之王"——"葵"，还占据着"菜品"一章的首位。

然而到了元末，熊梦祥的《析津志》专门列有"家园种莳之蔬"，白菜已列居首位。相比之下，葵菜产量不到白菜的一半，也似乎不易储藏。到 1590 年（明万历十八年）李时珍编纂《本草纲目》的时候，目之所及，古人常吃的葵菜已经很少有人种了，吃的人更少，因此将葵移入了"草部"。

◎ 《三秋图》年画

七月称孟秋，八月称仲秋，九月称季秋，合称三秋，是庄稼收获的季节。画中描绘的农作物是小麦、白菜以及萝卜。

白菜驯化的脚步还没有停止。元代以后，中国乃至东亚地区的平均气温持续下降；在随后的明、清两代，中国还遭遇了小冰期，特别是在1620—1720年，气温更是跌至谷底。这种寒冷一直持续到19世纪后期，气温才逐步开始转暖。持续几个世纪的低温，也使葵菜在北方难以生存。葵菜似乎就此消失在了历史的时空当中。而白菜从此成为中国蔬菜栽培面积最大、供应量最多、销售时间最长的蔬菜。

在明清时期，随着新的主粮引入，人口的不断增加，人均耕地占有量也不断减少。农民们对土地的精细利用、对每棵作物的精心照料，几乎达到了园艺的水平。而这种精耕细作的农业原则和方法，甚至直到今天，在中国大地上仍然依稀可见。

农民在自己仅有的一点土地上，甚至是房前屋后的半分薄土上，见缝插针地安排着各种各样的作物。白菜随着不断增殖的人口，走向过去荒无人烟的山地深箐，不断地扩大着自己的势力范围。人们也对田间屋后的白菜进行选育，逐步出现了各种品质优良的散叶大白菜和结球大白菜。白菜假人类之手，繁衍出了它的庞大家族，历过漫长的岁月，它在我国形成了800余个显著的地方特色品种。

《东京梦华录》中描述的开封冬储蔬菜的一幕，终于出现在了中国北方的各处，"南方之菘畦内过冬，北方者多入窖内"。燕京的菜圃农人甚至还模仿韭黄，培育出了黄芽菜（明·李时珍·《本草纲目》）。

在1904年至1905年的日俄战争中，参加围困旅顺的日军第九师团第七联队第二大队，从1905年2月21日至28日的口粮中，除了有1天只有罐头供应之外，其余6天每天都有白菜，成为士兵们最重要的维生素补充来源。而对于习惯就地解决后勤补给的日军来说，这些白菜只可能是抢自旅顺地区中国人的地窖里。

对于曾经的中国北方人来说，白菜是他们整个冬季中最为重要的蔬菜。即使在北京，据档案资料记载，一直到1990年前，冬春蔬菜的95%都是大白菜。1979—1992年，北京市大白菜的年销量占全市每年蔬菜总销量的近1/3，如今白菜仍是冬储菜的重要品种。

今天，白菜以及它庞大的族系以无可匹敌的优势，在中国人的餐桌上占据着一席之地。而且，"种菜"更像是中国人与生俱来的民族天赋，无论农村还是城市，陆地还是海洋，南极还是太空，中国人都会想方设法地种上一些小菜。

经历了长达5个世纪的冰霜、在不断缩小的人均生存空间（耕地面积）中，中国人正是在白菜的深厚祝福中坚韧地活下来半条命。现在他们所做的，则是在给予白菜和它的家族最为真切的感恩和致敬。

郑和带回的胡椒，引发了全球性『通货紧缩』？

作为一种味道辛辣而有芳香气息的植物种子，胡椒早在史前时期就在原产地印度被用作香料。不管是东方还是西方，它的味道曾让世界各地的人们欲罢不能，并在它的身上一掷千金，让它成为不折不扣的"黑金"。

随着历史走进 15 世纪，人类对于"黑金"的渴求越发高涨了。那些前往印度洋沿岸寻找胡椒的人们并没有意识到，胡椒正在裹挟着他们，步入一场严重的"金银大饥荒"。从某种意义上说，这个故事，也正是大航海时代拉开帷幕的前奏。

1433 年（明宣德八年）七月初六，大明正使太监王景弘率领着超过 2 万人的船队，终于返回南京。跟随船队一起带回的还有一大批外国使节，可唯一不同的是，正使太监郑和的名字已经消失在回国人员的名单之中。这一年的三月，在船队返航途中，郑和在他第一次出海的终点——古里，溘然长逝，用自己的生命为先后 28 年远航画上了句号。

这支浩大船队归来之后的一年（1434 年，明宣德九年）十一月，户部向明宣宗朱瞻基正式提出了一项建议："宣德八年京师文武官俸米折钞，请

◎ 《明宣宗射猎图》轴

给予胡椒、苏木。"因为，郑和船队从西洋带回来的胡椒、苏木堆满了国库，比起让户部焦头烂额的宝钞，带着香辛气息的胡椒反而显得更有价值些。此后，胡椒便时常在发薪日时跟帝国官员们见面，成为他们养家糊口的依靠。

　　1436 年（明正统元年）三月，远洋归来守备南京的王景弘奉命从国库中支取了胡椒、苏木 300 万斤，由海路护送至北京。在这一路沿着海岸线徐徐北上的波涛中，带着失落心境的他绝不会想到，他与郑和带回的这些"黑金"，不仅没有让大明帝国更加繁华，还让整个世界陷入了一场萧条。

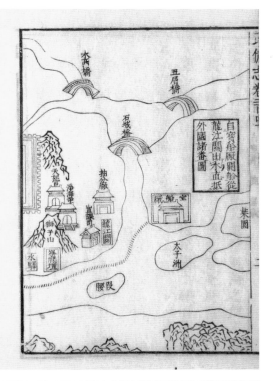

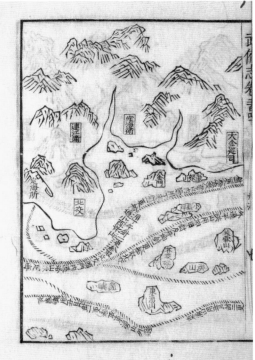

⊙《郑和航海图》（节选）

又称《自宝船厂开船从龙江关出水直抵外国诸番图》。图册以南京为航海起点，最远至非洲东岸的慢八撒。图中注明了航线沿线经过地区、国家的详细情况。

被明政府垄断的胡椒贸易

北魏末年，当高阳太守贾思勰在为自己的农书整理资料的时候，发现晋代人张华在他的《博物志》中，记载了一种胡椒酒的泡制法：用5升上好的春酒，干姜1两，胡椒70枚，都捣成碎末；取5个安石榴押取汁，把干姜和胡椒末以及安石榴汁泡入酒中，可以冷饮，也可以热饮。这是中国历史上关于胡椒最早的记载。

作为一种味道辛辣而有芳香气息的植物种子，胡椒在原产地印度，早在史前时代便被用作香料。自西汉张骞"凿空"西域以后，外国的物种大量被引进到中国。而胡椒也在汉晋时期经由西域传入中国。

由于产地有限，加之路途遥远，物以稀为贵，到唐代时，胡椒还属于奢侈品，甚至还有保值的功能。777年（唐大历十二年），当大唐权臣元载被收捕抄家时，家中搜出了囤积的800石胡椒。即使到宋元时期，随着海外贸易的繁盛，胡椒的贸易也达到一个很高的水平。但它依然是价格昂贵的"值钱货"，不仅是朝贡贸易的重要货物，也是政府国库中必不可少的储备物资。

到明朝日渐稳定后，伴随着海禁政策日趋严格，私人海外贸易逐渐萎缩。明政府还对胡椒进口贸易进行了管制，不允许私人直接从国外购销。私买或贩卖苏木、胡椒至1000斤以上者，发边卫充军，货物也要充公。因此在明初时，胡椒由朝贡国带进来后，几乎是不经市场流通，而直接进入国库之中。

而到了永乐时期，在郑和下西洋的推动下，海外朝贡贸易大盛，胡椒更是大量被运进大明国库，成为大明皇帝实实在在握在手中的"黑金"。

木之草

胡椒無毒

植生

⊚　胡椒

选自《中国自然历史绘画·本草集》

无用的"宝钞"和千奇百怪的赏赐

让我们将视线重新移回 1433 年（明宣德八年）。明宣宗朱瞻基应允户部的建议，定下胡椒折俸的具体规定，"祖制"一定是其中的论据之一。

1392 年（明洪武二十五年）七月，明太祖朱元璋就赐"浙江观海等卫造海船士卒万二千余人钞各一锭，胡椒人一斤"（《明太祖实录》），共赏赐了 2 万多斤胡椒。

除了胡椒之外，士卒们领到的另一种赏赐就是大明宝钞。1374 年（明洪武七年），明政府设立宝钞提举司，统筹发行纸币。1375 年（明洪武八年）三月，中书省奉旨印造大明宝钞。按照官方的规定，每 1 贯钞能够折换 1000 文铜钱，又或者可以折换白银 1 两，每 4 贯钞则可兑换黄（赤）金 1 两。1376 年（明洪武九年），朝廷下令，禁止民间以金银交易。

然而，大明宝钞发行是依赖政府的信用支撑，并没有准备金制度，很快，这张用桑树皮造的纸就让百姓失去了对政府的信任：1397 年（明洪武三十年），杭州的商贾不论货物贵贱，都私自以金银来定价，"由是钞法阻滞，公私病之"（《太祖实录》）。

宝钞没有什么价值，人们在市场上的交易只能将目光再次投向金、银、铜。1378 年（明洪武十一年），朝廷宣布实行"钞钱相轨"的制度，同时铸造细面额的铜币，并允许历代铜钱与大明宝钞共同流通使用。但有明一代铸钱非常有限。按照估计，从 1368 年（明洪武元年）到 1572 年（明隆庆六年），明朝铸币机构（京师的宝源局和各地的宝泉局）一共铸造了 400~600 万贯铜钱，这仅是北宋元丰年间一年的铸币数量。

而在贵金属方面，明政府严禁民间开矿，官矿产量也极其有限。在大量白银进口以前，明代的国内白银流通量也就在 5000 万两左右，这个数量只是宋代白银储量的 1/3。

在信奉实物经济的明太祖朱元璋设计出来的"洪武体制"里，整个帝

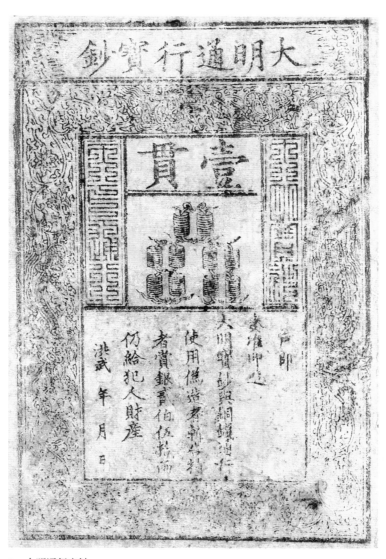

◇ 大明通行宝钞

桑皮纸质，是中国古代票幅最大的纸币。

国从诞生之时起就带着"缺钱"的基因。

由于市场上缺少足够的通货，各种千奇百怪的实物——胡椒、苏木、布帛等成为货币等价物，也便顺理成章。

一门毛利润达到 100 倍的生意

胡椒能当钱花，这在明宣宗朱瞻基的眼中也是自然而然的，因为这事祖上都干过。1415 年（明永乐十三年）郑和第四次航行归来时，明成祖朱棣也对营建北京督工群臣论功行赏，分别赏赐以宝钞、胡椒。而在明仁宗朱高炽于 1424 年（明永乐二十二年）九月登基时，除了军队和文官之外，连匠人、乐工、厨子，以及公差在京的生员吏典等，都各得了一斤胡椒的赏赐（《仁宗洪熙实录》）。

这在打定心思要与民休养生息的明宣宗朱瞻基看来，再合适不过了。他自年少时就数度跟着祖父朱棣北伐大漠，也深知"永乐盛世"背后的国库空虚、民生艰辛。在父亲的影响和五朝元老夏元吉的辅佐下，他开启了全面收缩的"倒带"键：

1427 年（明宣德二年），明朝撤销交趾布政使司，结束对越南地区的直接统治；1431 年（明宣德六年），郑和最后一次下西洋；1435 年（明宣德十年），明朝撤销奴儿干都司，将奴儿干都司办公机构内迁，从此明朝在东北地区再没有建立起有效管辖。

在对外政策收缩的同时，为了应对自洪武年间就开始出现的宝钞贬值问题，明宣宗试图着手重建宝钞的信用体制。

宝钞一直以来"物重钞轻"，一方面看起来是缘于"出钞太多"。另一方面则是"收敛无法"。终明一代，政府始终没有让宝钞与政府合法兑换，因此也需要增加市场对宝钞的硬性需求。明宣宗朱瞻基的方法，除了主动停开印局、控制纸币发行数量之外，还加强了宝钞在国家税收财政领域的回笼力度，包括食盐纳钞、商业税种纳钞等。

◎ 《明仁宗坐像》

明仁宗朱高炽(1378—1425 年),明朝
第四位皇帝,明成祖朱棣的长子。洪
武二十八年（1395 年），立为燕王世
子。永乐二十二年（1424 年）即位，
在位期间为政开明，废除苛政，停
息战事，军民得以休息。这为历史上
"仁宣之治"的盛世打下了基础。

◎ 《明宣宗坐像》

明宣宗朱瞻基（1399—1435 年），
明仁宗朱高炽之子，明朝第五位
皇帝。明宣宗励精图治，知人善
用，在位期间，明朝的经济政
治等都得到了空前发展，历史上
把明仁宗和明宣宗在位期间称为
"仁宣之治"。

1429 年（明宣德四年），明政府又在各地设立钞关，对货物运输流通征收关税。另外，还有蔬地果园种植税，驴车、骡车运输税等，这些杂税都要求以宝钞缴纳。1431 年（明宣德六年）一年内，各项杂课钞收入已经达到了 2 亿贯，到 1433 年（明宣德八年）增长到了 2.88 亿贯。

但回笼的宝钞又不能通过官员薪俸等财政支出，再次大量地推回市场。当户部官员们清点国库账本的时候，他们惊喜地发现，库里实在是胡椒满盈：早在 1374 年（明洪武七年），朝廷所积"在仓椒又有百余万数"，在郑和下西洋的推动下，胡椒更是大量输入。据估算，15—16 世纪中国在东南亚收购的胡椒每年就达 5 万包，或者 250 万斤。

而此时胡椒的价值确实高昂。郑和在苏门答腊岛或柯枝收购胡椒的价格，每 100 斤值银 1 两到 1.25 两（明·马欢·《瀛涯胜览》），而在 1407 年（明永乐五年），国内市场上的胡椒价格约为 100 斤值银 10 两，若以宝钞官价值银的数目来折算，胡椒每 100 斤的价格值银 110 两！

在明政府看来，通过胡椒折俸，不但有效利用了国库库存，又能稳定宝钞价格，确保政府财政收入，而且，民间也可将胡椒作为通货中介，实在是一举多得的好事。所以，明代政治家丘浚评价此举"不扰中国之民，而得外邦之助"。

但是，对于那些被强迫折俸的各级官吏来说，他们拿到手的胡椒的实际价值是在不断贬值的，加上保存麻烦，低级官吏甚至不屑于去支取，导致官方仓库的收纳成了问题。1429 年（明宣德四年），官方甚至规定，过了 3 个月不支取的，便要造册归公。

1932 年的胡佛抄了 500 年前朱瞻基的答卷

令大明的皇帝和官员们意想不到的是，宝钞的价格并没有如他们想象的那样能够提升。

问题出在：如果有宝钞之外的其他币种加入市场流通，结果就会出现

⊘ **《太平乐事册》**（节选）

明 戴进。画册共十开，描绘：婴戏、骑牛、捕鱼、文娱、戏耍、试射、耕罢、观戏、木马、牧归主题，通过不同阶级的人民的一些生活日常来展现社会安定，百姓安居乐业，赞扬"盛世太平"之景象。戴进是明宣宗宣德年间的宫廷画师。

通货之间的竞争与替代。除了布帛、谷物、胡椒、苏木之外，加入市场流通最重要的币种就是白银。明政府以严刑峻法来禁止百姓使用白银交易，就迟滞了白银在社会上的流通速率，必然导致白银的升值。同时，以银价表示的物价，很多是由宝钞折算过来的。在多币种竞争的货币市场上，这足以加速宝钞愈加贬值泡沫化，更是增强了老百姓对白银的信任度。

如果说在明政府的威严下，尽管百姓对不可兑换的宝钞持有疑虑，但他们还是要用来做买卖，钞价还是可以维持在一个大家都能接受的信用价值范围内。而大量收回作为基础货币的宝钞，意味着市场上的货币供应量愈加不足。

与此同时，大量的胡椒从国库中支出，不可避免地要进入市场流通。文武官吏领到这一大批胡椒后，除了家庭食用之外，当然要设法变卖。市场上还出现了专门承包处理高级官吏俸禄中折合的椒木，并贩卖到市场上的商人。"进口商品"胡椒总量大幅增加，市场上对应的货币供应量缺口还会进一步扩大。

按照 19 世纪法国经济学家奎内博士货币和实物循环运动的模型：即总供给（生产）和总需求（分配与消费）两个端点，贯通这两个端点的是物资流通与货币流通。在物流的循环中，实物在消费中被消耗和消失。而金融流却必须通过每一次循环流转而获得增益，一旦发生供求梗阻就是生产过剩，一旦发生金融梗阻就是通货紧缩和金融危机。

反观这时的明王朝市场，传统作为香药和作料的胡椒大量流入市场，消费却跟不上，而宝钞逐渐退出市场流转，物资和货币的流通显然都发生了梗阻。

胡椒的市场价格进入下降通道是不可避免的。从永乐五年的 100 斤 / 银 10 两左右，下跌到宣德年间的 100 斤 / 银 5 两左右，并继续下跌。进入市场的胡椒数量的增加，也意味着这时货币市场上的白银越发珍贵升值。

值得深思的是，500 年后，即 1929 年至 1933 年，在美国经历着历史上最严重的通货紧缩的时候，美联储还在保持高利率，维持反通货膨胀和经济紧缩政策，胡佛总统甚至还推动国会通过了提高税率的法案。这一番逆势操作，简直就像抄了明宣宗"全面收缩"的考卷一样。

市场上流通的货币减少了，人们的购买力下降，物价持续下跌。15世纪前半叶（即永乐、宣德、正统年间），明朝的物价（以米为例），竟然跌落到北宋初期的物价水平以下。研究显示，在10世纪（北宋）后半叶，每公石米的价格约为0.377两白银；而在15世纪（明代）前半叶，米价为每公石0.291两白银（彭信威·《中国货币史》）。除此之外，不管是马匹价格，还是棉布和绢的价格，几乎所有的物价都在宣德年间达到过历史的最低位置。

通货紧缩的影响终于让明政府放下了"祖制"，1436年（明正统元年），朝廷允许南京、浙江、江西、湖广、广东、广西、福建将原征米麦400万石折纳"金花银"100余万两。也正是在这一时期，土地交易中的通货开始出现了白银，而宝钞却在市场交易中越来越罕见。到了嘉靖年间，金花银征收从国有官田扩大到所有税田，所有田赋皆折为银两。

但这时候，明政府的胡椒折俸还在继续。直到1471年（明成化七年），国库里的胡椒终于被消耗得差不多了，这一年下半年的胡椒折俸之制才改作折色俸粮。

"黑金"1400年，西方的地主家也没余钱了

作为15世纪全球贸易网络中心的中国，这场由胡椒引起的震动，正在向世界的另一端（那时候的美洲大陆还躲在地图的阴影区里）传导。

从罗马帝国时代起，胡椒就是一种著名且使用广泛的调味品。由于欧洲、中东与北非市场上的黑胡椒都产自印度，因此价格十分昂贵。在古代欧洲，价值不菲的胡椒时常被作为担保物甚至货币使用。

在15世纪的曙光照耀到欧洲时，人们也在为钱感到捉襟见肘：13世纪末，随着商品货币经济的发展，欧洲国家逐步从早期的劳役地租过渡到以货币地租为主的地租形态。在英国，折算制被广泛推广，将劳役租和实物

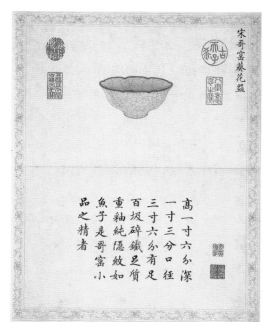

宋哥窑葵花盌

品之精者
魚子是哥窑小
重釉純隱紋如
百圾碎鐵足質
三寸六分有足
一寸三分口径
高一寸六分深

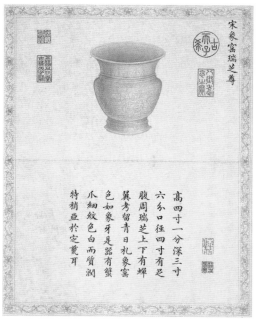

宋象窑瑞芝尊

特稍亞於定寬耳
爪細紋色白而質潤
色如象牙是器有蟹
冀考留青日札象窑
腹周瑞芝上下有蟬
六分口径四寸有足
高四寸一分深三寸

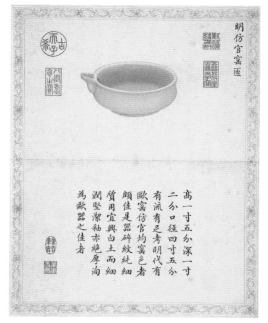

明仿官窑匜

為歐器之佳者
潤堅潔釉亦純厚潤
質用宜興白土而細
頗佳是器碎紋純細
歐窑仿官均窑色者
有流有足考明代有
二分口径四寸五分
高一寸五分深一寸

宋定窑菊花瓶

器也
釉質稍遜當即南定
花者出南渡後此器
南北二窑南定窑有
考留青日札定器有
有足瓶腹上作菊瓣
五分口径一寸二分
高五寸一分深四寸

◎ 《精陶韫古》（节选）

清 佚名。绘于乾隆五十年（1785 年），记录了乾隆皇帝收藏的瓷器，皆为定、官、哥、钧、龙泉窑，以及明宣德、万历年间的官窑瓷器物件。

租折合成货币租交纳。

而欧洲领主们长年累月与东方进行生丝、香料和奢侈品等贸易，加上经由巴格达和波斯湾、开罗和红海而延伸到亚洲的商路被奥斯曼帝国掌控着，贸易运价也持续提升。15 世纪早期，1 公斤胡椒在印度产地值 1~2 克白银，在亚历山大港的价格达 10~14 克白银，在威尼斯达 14~18 克白银，在欧洲各消费国则达 20~30 克白银。

先后 7 次持续 28 年的郑和下西洋，大量采购沿途的胡椒，毋庸置疑也是导致全球贸易中胡椒价格上涨的重要因素。这些都进一步加速了欧洲的货币流出，欧洲每年需要用 6.5 万公斤白银去购买东方的胡椒和香料（M.M. 波斯坦）。

由于贵金属的短缺，弗兰德斯造币厂在 1402—1410 年处于关闭状态；1409 年，巴黎的钱商们异口同声地抗议，无论出价多高，他们已经无法为铸币厂提供金银了，不久，巴黎的金匠公会走向衰亡（John Day《15 世纪金银大饥荒》）。

于是，和遥远的中国一样，以物易物的原始贸易状态在 15 世纪初的欧洲重现。胡椒作为货币替代物进入了人们的视野。在德国，当时的银行家甚至被称为"胡椒人（Peppermen）"。

不管是作为货币的贵金属，还是作为替代物的胡椒，在欧洲都陷入了供不应求的局面。和中国一样，欧洲人也不得不面对购买力下降、物价下跌的局面——据估算，1400—1500 年，欧洲的物价下跌了 20%~50%——这也影响到了当时中国出口的"拳头产品"瓷器。

尽管宣德年间的青花、洒蓝、祭红等，皆代表了明朝陶瓷艺术的最高水准，但此时，不管是国内贸易还是海外贸易都发生了严重的衰退：现代的考古学者们发现，中国瓷器出口在 15 世纪的绝大部分时间出现空白的现象，并将这种现象称为"明代空窗期（the Ming Gap）"。美国学者 Roxanna M. Brown 更将这种衰退具体到了 1430—1487 年（即宣德、正统、天顺和成化年间）。

全球性的通货紧缩、贸易扩张的不利，可以想象在 15 世纪的时光里，整个世界正经历着多么严重的经济衰退。终于，无数个"哥伦布、达伽马"从伊比利亚扬起风帆，寻找着能够融入东方贸易网络的通路。

当欧洲殖民者们从美洲带着白银，再次来到爪哇岛想买胡椒的时候，他们会遇见正拿着私铸的劣质铜币订购胡椒的中国海商，这两拨儿人的眼睛里都将放出贪婪的光芒。

人类文明史往往如此，一个小小的物件却无意间勾连起了波澜壮阔的历史。

辣椒，命运之神给明王朝最后的红灯

辣椒，原生长在中南美洲热带地区，明代时传入中国。在传入中国的香辛料中，辣椒是一个晚来者，却深深改变了中国饮食文化的面貌。今天，辣椒几乎可以说是用量最大且最广泛的香辛料，在中国的饮食中占据了极其重要的地位。

当我们站在一个更远的角度回溯辣椒引入中国的故事时就会发现，火红色的辣椒，就像命运之神为明王朝亮起了最后的红灯，提醒着危亡的到来。但遗憾的是，这盏红灯并没有引起东方古国的警觉。

1552 年（明嘉靖三十一年），葡萄牙传教士巴尔萨泽·加戈乘坐商船，在日本九州登陆。为了表达敬意，他将随船运来的辣椒，献给了当时领有九州岛丰后国和肥后国的大名大友义镇。这是日本文献最早对"南蛮胡椒"，也即辣椒的记载。

就在同一年，在一衣带水的中国，李时珍着手开始编写一部本草书籍。历经 27 个寒暑，他终于在 1590 年（明万历十八年）完成了 192 万字的巨著《本草纲目》。

然而，研究了辣椒 40 多年的日本综合研究大学院大学名誉教授山本纪

◇ 辣椒状鼻烟壶

清 乾隆时期。景德镇铜红釉瓷器。

夫，却一直为此感到疑惑乃至诧异：在辣椒传到日本的 16 世纪，李时珍撰写的《本草纲目》中虽然记载了玉米，却没有任何辣椒的记录（日本·山本纪夫·《辣椒世界史》）。直到《本草纲目》面世一年之后，中国的文献中对辣椒最早的记载才出现在杭州。

这些文献记载了这样一次历史的逆转：尽管日本人后来将辣椒称为"唐辛子"，或许是由于历史上长期"以唐为师"，从中国引入各种文化、技术以及物产的缘故，但随着大航海时代的到来，辣椒的引入路径却是令人意外的"先及日本，后至中国"。

当我们站在一个更远的角度回溯辣椒引入中国的故事时就会发现，火红色的辣椒，就像命运之神为明王朝亮起了最后的红灯，提醒着危亡的到来。但遗憾的是，这盏红灯并没有引起东方古国的警觉。

而为命运之神亮起这盏灯的，是一个中国海贼。恰恰是辣椒在东亚登上历史舞台的 1552 年，四月的一天，浙江以东的海面上驶来了一支浩浩荡荡的船队，他们的首领是明王朝黑名单上的头号人物——王直（也作汪直）。

中国"海贼王"给日本带来了"佛郎机夷"

1552 年（明嘉靖三十一年）这次数百艘海盗船蔽海而来的震动，是嘉靖年间最大规模的倭寇来犯事件，明朝史书称为"壬子之变"。对于首领王直，《明史》里还有一段少有的人物形貌描述："直乃绯袍玉带，金顶五檐黄伞，头目人等俱大帽袍带，银顶青伞，侍卫五十人，皆金甲银盔，出鞘明刀，坐定海操江亭，称净海王，居数日，如履无人之境。"这位曾经的徽州落魄少年、今天的"海贼王"，却恰恰是将传播辣椒的葡萄牙人带到日本的关键人物。

尽管哥伦布第一次在美洲大陆发现了辣椒，并在 1493 年带回旧大陆，但并没有推广开来。真正将它的种子播撒向全球的，可能更应该归功于更早建立了世界贸易网络的葡萄牙人。

为了寻找香料贸易通道，1497 年，瓦斯科·达伽马发现了从欧洲经过非洲南岸到达印度的航道。1500 年，消息传回葡萄牙，佩德罗·阿瓦雷斯·卡布拉尔率领 13 艘船、1200 名船员，计划前往印度，结果却在途中遭遇了强烈的风暴，无意中来到了今天巴西东部的伯南布科。就是在那里，葡萄牙人第一次见到了辣椒。

葡萄牙的贸易船队把辣椒作为其全球香料和调料贸易的主力，在印度南部建立第一个贸易据点时便带去了辣椒，后来又将辣椒传播到东南亚、西非等全球各地。

1543 年（日本天文十二年）秋八月二十五日丁酉，日本九州南部的种子岛上漂来了一艘载着百余人的大船。船上的人大多数金发碧眼，他们是日本人最初看到的欧洲人。船上还有一位"大明儒生"，自称"五峰"，他

◎ 香料盒。

1710 年至 1730 年，法国，软瓷。

用笔向当地人介绍，船上的人是"西南蛮种（葡萄牙）之贾胡"，是从泰国驶往中国宁波途中遭遇暴风雨漂流而来的。

葡萄牙商人的两位首领牟良叔舍、喜利志多侘孟太，带来了一种武器——火绳枪，惊动了当地的领主种子岛时尧（日本·南浦文之·《南浦文集·铁炮记》）。从此，葡萄牙开始了与日本之间长达 70 年的"南蛮贸易"，交易的商品不仅有火枪和大炮等武器，还包括眼镜、地球仪之类的工艺品，以及烟草、玉米、辣椒等农产品，种类繁多。

而这位"五峰"，正是当时双屿岛海盗许栋的手下、号称"五峰船主"、日后的"海贼王"王直。

被一场争贡之乱打断的海上贸易

早在明初，为了巩固新生政权，统治者实行海禁、建立市舶司、施行朝贡贸易；永乐年间，明代朝贡贸易进入鼎盛；但到了洪熙、宣德年间，朝贡贸易已难以为继。于是，中外商人强烈要求明统治者开关通商，但中央统治集团还是选择了继续实行海禁，维护朝贡贸易。

对于日本，明政府实行了"羁縻"政策，准许他们朝贡。由于每次朝贡时，明政府对贡物都以高于几倍的价格予以赏赐，入明朝贡就成为日本人非常重视的盈利途径。于是，明政府发放的"勘合"（准许朝贡的符契）就成了大名、寺社之间的抢手货。

1523年（明嘉靖二年）四月，日本大名细川氏与大内氏的贡使先后抵达了宁波市舶司。为了争夺与明朝朝贡贸易的特权，双方的矛盾逐次升级，并在宁波港发生械斗。疯狂的大内氏贡使带着与海盗无异的使团成员，在宁波沿途烧毁房屋，无恶不作，一直追杀到了绍兴。后来，他们又返回宁波，出海而去，并在海上击杀了前来追缉的浙江都指挥刘锦，史称"宁波争贡"。

事后，宁波市舶司被关闭，泉州、广州市舶司也先后被罢撤。中断与日本的贸易关系后，结果中国东南沿海一带全面遭到倭寇骚扰。当倭患基本平定后，明朝虽在漳州月港宣布开海贸易，但对日本仍实行严禁政策。

也正是在"宁波争贡"、市舶司罢撤后，中国与日本之间的朝贡贸易成为绝响。

葡萄牙人没能为皇帝献上辣椒贡礼

中国的海盗，或者说海商集团，所盘踞的宁波口外的舟山六横双屿港，正是"宁波争贡"、市舶司罢撤之后，所催生出的一个海上私人贸易港。到1532年前后，海上私人贸易已经逐渐公开化。在双屿港，亦商亦盗的中国海商集团、日本商人、葡萄牙人，一同搭起了这一黄金通道。他们以日本、闽浙、马六甲为支点，形成了一个理想的三角贸易区，推动着东亚走私贸易链条的运转。

葡萄牙人从马六甲等地运来香料，在双屿港或者月港与当地商人交换丝绸、棉布等商品，然后运往日本销售，换回白银，再到中国买丝或布，卖到马六甲，走私贸易的获利高达三四倍。

双屿港则是这个贸易区最为重要的贸易中转站，此时无比繁盛。在这两个被当地人和在那一带航行的人称为双屿门的小岛之间有一个海峡，其宽度为两箭之遥……实为两个相对的岛屿。到了1540年或1541年，葡萄牙人已经在双屿建屋千余所，有居民3000人，其中葡萄牙人1200名。双屿比印度任何一个葡萄牙人的居留地都更加壮观富裕，在整个亚洲其规模也是最大的（葡萄牙，费尔南·门德斯·平托，《远游记》）。

然而，这种私人的海上贸易显然与明朝的海禁政策相悖。且随着贸易规模的日益扩大以及抢劫越货事件的不断发生，1548年（明嘉靖二十七年）四月初七，右副都御史朱纨派都指挥卢镗率兵由海门出发，"不到5个小时"，"双屿就一物不剩，荡然无存了"，目击者平托说。

王直从这场战事中逃脱，在海上召集余众，转往舟山沥港，继续开展海上走私贸易活动。但是，1552年（明嘉靖三十一年）的"壬子之变"，实在是在明廷的火头上浇油，更何况还是"绯袍玉带"的打扮。

◎ **明穆宗朱载垕**

明穆宗即位后，实行革弊施新的政策。政治上，肃清朝政，平反冤狱；经济上，颁布大开关禁的旨意，一改明朝多次禁海的命令。对开放政策的调整，使明朝海外贸易也出现了新局面。

1553 年（明嘉靖三十二年）闰三月十一日夜四鼓时分，明军参将俞大猷麾下的军士渗透进沥港王直大营，四处纵火。俞大猷乘机率兵冒着烈火攻入沥港，经 4 天奋击，倭巢尽毁，"擒斩四千，溺者不可胜计"（《嘉靖东南平倭通录》）。

这一刻，在这个东亚三角贸易区的东端，日本的大名或许正惊异于有着红色外皮、辛味比之胡椒更甚多倍的"南蛮胡椒"；而在三角贸易区的西端，那些葡萄牙人却没有赢得为明朝皇帝或者官员呈上辣椒礼物的机会。

当然，这并不意味着辣椒的种子就没有机会在中国的东南沿海登陆。1591 年，中国最早关于辣椒的记录出现在杭州地区。钱塘人高濂在这一年出版的《遵生八笺》中记录了一种"番椒"："丛生，白花，子俨秃笔头，味辣，色红，甚可观。"这不是一个偶然事件，几番被扑灭的海上走私贸易，至少把辣椒的种子撒进了浙江地区——这也意味着，浙江是辣椒走进中国的第一站。

如果有一个地球仪……

截至此时，中国人还没有意识到辣椒可以作为香辛料。但中国人对辣味的追求，却已经有了千年的历史。作为"酸、苦、甘、辛、咸"五味之一，辛味食物自古就被中国人所喜爱和运用着。除了带有辣味的"三香"——茱萸、花椒、姜，辣蓼、山葵、胡椒等也是古代中国人追求刺激口感的常用香料，满足着人们对于"辛"味的需求。

其中，胡椒就是古代印度大量出产的著名香料，在汉代"丝绸之路"打通后，其传入的重要香辛料。

此时，如果有一个地球仪可以让当时的人们再来审视中国对外的通路，他们一定会发现一个史无前例的变化：自张骞通西域，陆上"丝绸之路"千年以来在中外文化交流中发挥着重要作用。包括胡椒在内，胡蒜（大蒜）、胡豆（豇豆）、莴苣、菠菜等，大量的粮蔬瓜果和香料都是沿着"丝

⌄ 《倭寇图》卷

明 仇英。此卷描绘了 1555 年（明嘉靖三十四年），浙江沿海军民抗击倭寇侵略的场景。画面展现出了
倭寇从海面出现、登陆、烧杀抢掠，当地居民四处避难，明军上阵杀敌等一系列动作场景。此次明军大
胜，史称"王江泾大捷"。

⊛ 金嵌珍珠天球仪

　　清 乾隆时期。球面嵌珍珠，珍珠即代表星体，共计3242颗，珍珠下方刻星体名称，阴刻线串联星体，以示星座。天球仪又叫浑天仪，是测量天体运行和演示天象的仪器，也是航海的辅助仪器。

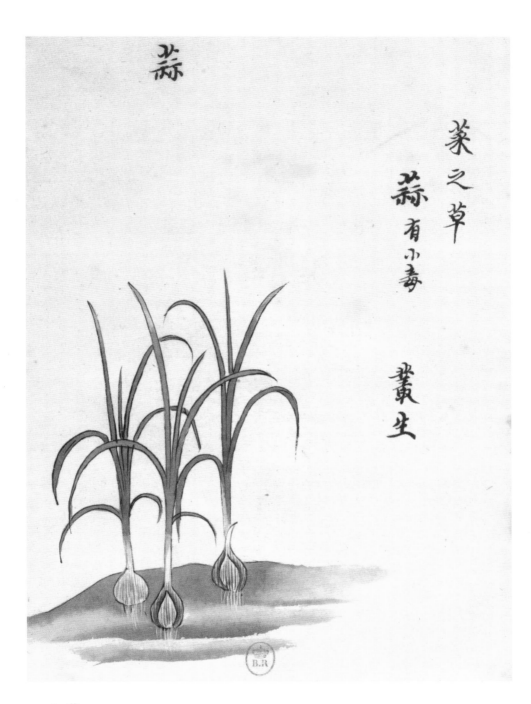

蒜

菜之草

蒜 有小毒

叢生

⊘ 蒜

　味辛辣，又称葫、葫蒜。选自《中国自然历史绘画·本草集》。

◈ 《丝路山水地图》（节选）

　　又名《蒙古山水地图》。明代绘。此为残卷，约长 30.12 米。画卷中描绘的是从嘉峪关到天方（沙特阿拉伯麦加），共计 211 个地域名，涉及欧亚非三大洲十多个国家和地区，生动反映出明中期陆路贸易路线和交通枢纽，是明代"丝绸之路"的展现。

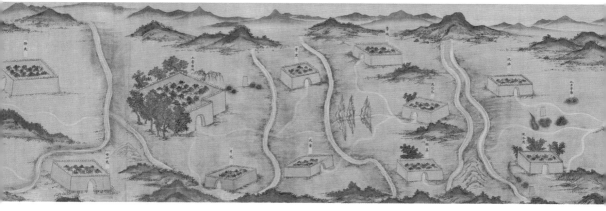

绸之路"，从西域引入中国的。而辣椒却是从东南的海上而来，"丝绸之路"必经的宁夏、甘肃、青海、新疆等地区，在乾隆时期之前均不见辣椒的记载。

事实上，中唐以后，吐蕃崛起并控制河西与陇右，"丝绸之路"受阻；元明更替时，蒙古汗国衰微，影响中西交通；而1299年奥斯曼土耳其帝国兴起，并在1529年成为地跨欧、亚、非的大帝国，几乎彻底阻断了中西交通——这也是欧洲人寻找东方新航路的最初动力之一。之后，海路交通和海上贸易，已经成为中西交流以及国际交流的垄断性通道和主旋律。

实际上，王直在沿海展开武装走私活动的最后目的，也是"要挟官府，开港通市"。

但是，大明皇帝们还没有意识到，或者并不愿意接受这个事实。尽管在王直等沿海倭寇基本肃清后，明穆宗朱载垕在短暂的执政时期里，主导了"隆庆开海"，但也只是开放月港一处小港口，"允许民间私人远贩东西二洋"。对于这样一个大帝国来说，海上贸易只是开了一条小小的缝隙。

当然，作为命运之神点亮的红灯，辣椒还将给大明皇帝们一次提醒。

朝鲜战场上的戚家军遭遇了"化学攻击"

在高濂生活的年代，人们种植辣椒还是用来观赏的，正如后来汤显祖在《牡丹亭》中描绘的辣椒花那样。南方人高濂一定不会想到，一年之后，他的同乡浙军远在平壤城下将会遭到辣椒的"化学攻击"。

1592年（明万历十二年）四月，继承织田信长衣钵的丰臣秀吉坐镇日本，指挥9个军团共15万人，渡海入侵朝鲜，朝鲜史称"壬辰倭乱"。明朝集结辽东军及3000戚家军，共约4万人，赴朝鲜作战。

就在这次战争中，中朝军队从日军那里见识到了辣椒：日本士兵既用辣椒来促进血液循环、防治冻伤，又用作向敌人施放的刺激眼睛的"化学武器"（韩国·李盛雨·《高丽以前的韩国饮食生活史研究》）。"南蛮椒，有大毒，始自倭来"（朝鲜·李睟光·《芝峰类说》）就这样留在了朝鲜文献中。

由于冬季寒冷且漫长，朝鲜半岛上的人们也和中国人一样，会用盐来腌制蔬菜以备过冬。在曾经一部韩国电视剧《大长今》中，有一幕医女徐长今制作泡菜的镜头，没有出现一个辣椒，因为直到她去世的 1566 年，朝鲜半岛确实还没有辣椒。

和辣椒一样，让中朝军队吃了苦头的，还有日军强大的步兵火力——"铁炮"。50 年前从葡萄牙人那里获得的两支火绳枪，在日本已经获得了长足的发展。凭借着火绳枪，日军甚至在战争初期就对明军取得了不少战役优势。历史上一直在学习、追赶中国的日本，终于在这时取得了局部实力的追平甚至逆转。

战争的结局，朝鲜打到百业荒废，几乎亡国；丰臣秀吉死后，德川家康建立了江户幕府，实施了锁国政策，但日本人对欧洲的兴趣和憧憬并没有改变，后继的"兰学"家们对世界依然保持着学习的态度。而中国尽管保持了东亚的和平状态，但国力锐减，辽东精锐损失殆尽，从此陷入财政紊乱，后金（清）趁机崛起并最终入主中原，重启海禁，直到 1684 年（清康熙二十三年）"四口通商"。

从朝鲜回来的浙江人学会了吃辣椒

有意思的是，1671 年（清康熙十年），《山阴县志》中才记载，"辣茄，红色，状如菱，可以代椒"，即把它作为替代南方热带所产的胡椒食用。这是最早记载辣椒的地方志。几乎同时期的中国东北地区，也出现了关于辣椒的记载。而这两个地区都与中日朝鲜战争紧密相关。

到 1684 年（清康熙二十三年），湖南的《宝庆府志》和《邵阳县志》中才有了"海椒"的记载，这也是目前国内最早将辣椒称为"海椒"的记载。而这个名称中的"海"字，很可能就代表，湖南的辣椒传自海边的浙江，沿着运河—长江—湘江的水上交通路线进入湖南。截至嘉庆年间，湖南已经是地方志记载吃辣椒范围最大的一个省，且基本形成了食辣区。而四川地区也是在嘉庆时期迅速普及了辣椒，到清末，辣椒已经成为川菜中主要的作料之一。

作为一种有着广泛适应性的农作物，辣椒抗旱能力强，对土壤要求不高，在中国绝大部分地区都可以种植并获得较好的收成。在辣味的刺激下，中国饮食的辛辣区迅速扩大。

而在最早记载吃辣椒的浙江，到1932年，全省的辣椒种植面积已达到1万多亩，产量达300多万斤，是中国辣椒大宗贸易的重要基地，成为区域农业经济中的重要组成部分。总体不那么擅长吃辣但擅长经商的浙江人，在辣椒的传播上，可谓起到了关键的作用。

辣椒未能惊醒"内省"的国度

在大航海时代这个历史转型的关口，作为一种经济作物，辣椒从美洲来到非洲、南亚、东亚，它的到来，其实是在提醒着"天朝上国"的统治者：欧洲人主导的"贸易将世界各地的不同民族、不同文明的人联结在一起，贸易促成了全球化，贸易改变了各地的自然世界、社会世界"（彭慕兰·《贸易打造的世界》）。

1554年（明嘉靖三十三年），浙江巡按御史、肩负东南抗倭重责的胡宗宪，在指挥戚继光、俞大猷痛击倭寇的同时，也有心招抚他的同乡、海盗首领王直。胡宗宪的幕僚唐枢向其呈上了一份长篇咨文，其中分析道，贸易本来就很难禁绝，而明政府允许朝贡而禁止市场交易，百姓最终只能以走私为生，成了海盗，"海禁愈严，贼伙愈盛"。如果开放海禁，政府可以从中抽税，增加财政收入，因此，他建议胡宗宪接受王直提出的"开港互市"的请求（明·唐枢·《论处王直奏情复总督胡梅林公》）。

只是，辣椒和海盗带来的提醒，无法从根本上改变"一个内向和非竞争性的国家"。黄仁宇在《中国大历史》中写道："明朝，居中国历史上

◎ 戚继光

明朝抗倭名将，杰出的军事家、
书法家，更是民族英雄。

一个即将转型的关键时代……明太祖建立的庞大农村集团，又导向往后主
政者不得不一次次采取内向、紧缩的政策，以应付从内、从外纷至沓来的
问题。"

在辣椒的身上，也直接显现了中国和日本之间的历史逆转：日本历史
上长期"以唐为师"，从中国引入各种物产、文化、技术，但随着大航海时
代的到来，辣椒的引入路径却是令人意外的"先及日本，后至中国"。从朝
鲜战场上取得局部实力追平乃至逆转，到后来中日甲午一战彻底翻盘，日
本帝国主义的野心可以说从这时就埋下了种子。

但中国的皇帝们始终没有从辣椒的身上看到这些，他们的目光聚焦点
在于"内省"。禁海—开海的政策反复，实际上也没有动摇这个国家的施政
根本，参与海外贸易并非来自参与全球化经济的主动性，根本的出发点还
是在于对内的稳定。传统的农耕生产方式和儒家"重义轻利""务本抑末"
的思想，就这样使中国坐失了一次走向世界的良机。

一口猪肉见证明清如何陷入『内卷化』

猪肉，是今天我们最习以为常的肉食来源。在距今大约1000年前，随着中国的人口、经济重心日渐向南移动，猪肉在餐桌上战胜了羊肉，逐渐成为中国人肉食消费的首选。但随着人口剧增，在人地矛盾的压力下，猪成了中国农民种植业最好的伙伴，人们将积肥、储蓄的期待寄托在了它的身上。

而人们自己，却陷入了单位土地劳动投入越来越高、边际回报越来越低的死循环中。猪，恰恰见证了"天朝上国"是如何演变成一个顽固难变的封闭体系，也成了古代中国"内卷化"的图腾。

1637年（明崇祯十年）八月初八，在广东虎门亚娘鞋岛（今威远岛）以西的珠江口水面上，驶来了4艘外国武装商船，并毫无忌惮地下锚停泊。这些长约30丈、宽6丈的大型五桅帆船，侧舷的小窗布满了小铜炮，而船桅下更是装备了2丈长的巨型铁炮。黑洞洞的炮口，瞄准了虎门要塞的第二道防线——亚娘鞋炮台（清·张廷玉·《明史·卷二百一十三》）。

这4艘舰船，正是前英国海军军官约翰·威德尔率领的"龙""太阳""喀特琳"和"殖民者"号。此前一个多月，他们刚刚在占据澳门的葡萄牙人

◇ 官船

选自《中国清代外销画·船只》。

那里吃了闭门羹。眼见在澳门参与贸易无望，威德尔干脆率舰队直奔广州。面对不速之客，中国炮台鸣炮示警。英国船队以猛烈的炮火强攻炮台，顺利攻上炮台后，英国人还拆下35门大炮作为战利品搬到了船上。

这是中英两国历史上第一次武装冲突。互不信任的双方在此后边谈边打，英船继续深入中国内河，在遭到中国战船夜袭后，恼羞成怒的威德尔船队愈加滥施暴虐。九月十九日，英国船员们在虎门地区纵火烧毁了三艘中国帆船，并焚毁了一个市镇，接着又炸毁了亚娘鞋炮台。最后，为了平息中国人的怒火，英国人在赔偿白银2800两，对虎门事件表示歉意后离去（美·马士·《东印度公司对华贸易编年史》）。

值得注意的是，在虎门的登陆劫掠行动中，英国人特意记下了一份战

⊙ 查河船

官府在河上巡查的船。选自《中国清代外销画·船只》。

利品：30 头猪。如此细致的记载很可能说明，这些被抢走的家畜并不仅仅
是作为食物补给的，而是另有用处。作为呼应的是，231 年之后，英国的
生物学家查尔斯·罗伯特·达尔文，在他的一部专著中留下了这样的评价：
"中国（本土）猪在改进欧洲品种中，具有高度的价值。"（英·达尔文·《动
物和植物在家养下的变异》）

　　历史在 1637 年这个特定的节点上，留下了一个看似随意却暗流汹涌的
伏笔。这一年五月，中国袁州府分宜县学的教谕宋应星，出版了 3 卷 18 篇
的《天工开物》。这本书在乱世中一路飘摇，到清代《四库全书》编纂时，
仍被束之高阁。也正是这一年的六月，在地球的另一端，欧洲近代哲学奠
基人、法国人笛卡尔，匿名出版了《科学中正确运用理性和追求真理的方

⊗ 豝

豝，母猪。选自《诗经名物图解》，细井徇绘。

法论》，在西方树起了理性主义的旗帜。

当我们以此为起点回望历史，就会发现猪肉这种中国人餐桌上最习以为常的肉食，恰恰见证了此后 300 年间，"天朝上国"是如何演变成一个顽固难变的封闭体系，而它也成了中国"内卷化"的图腾。时至今日，我们依然在奋力追赶这 300 余年间落后的脚步。

在猪肉面前认怂的可汗和皇帝

1291 年（元至元二十八年），意大利人马可·波罗受命护送元朝阔阔真公主下嫁伊利汗国，沿京杭大运河，他们一路南下，经杭州转道江西再由泉州出海。在途经浙江衢州时，意大利人记录了当地的农牧风情："在这个地区，看不到绵羊，但有许多公牛、母牛、水牛和山羊，至于猪的数目则特别的多。"

尽管在蒙元统治阶层的养生饮食菜谱《饮膳正要》中，羊肉菜肴多达76种，占所有菜品数量的八成，但在民间，养猪已是非常普遍的农牧选择，包括国家刑法，也有专门的条目对养猪进行保护。

就在蒙元统治进入风雨飘摇的1362年（元至正二十二年），一个清晨，元顺帝从睡梦中惊醒，他梦见一只身形庞大的猪闯入大都，倾覆了大元京师。他当即下令，禁止军民养猪（清·褚人获·《坚瓠集》）。

或许正是日有所思夜有所梦，此时，一支南方反元义军正在应天积聚力量。在明太祖朱元璋的带领下，4年之后，元顺帝仓皇逃离大都。然而有意思的是，朱家的后人心里却犯了和蒙古可汗一样的忌讳。

1519年（明正德十四年）十二月，明武宗朱厚照在巡游江南的途中突然下旨，在他巡幸的沿途禁止民间养猪，一路上远近的猪都被屠杀殆尽。一时间，从江北地区到山东、直隶等地，各地官员纷纷开始禁止百姓养猪，有违令者发配到边卫充军。各地城乡居民人心惶骇，为了自保，纷纷将自家养的猪杀掉，减价贱卖，甚至有人把小猪挖坑埋弃。

直到一个月后，留守京师的内阁大学士杨廷和才得知此事。61岁的老人焦急地给明武宗发去了奏疏劝谏："民间养猪，既供应国家宗庙祭祀和皇家消费，又是官民日常饮食所需，几乎是一天都不可少。而且，老百姓养猪比其他家畜都要多。（禁养）这件事实行起来很简单，但牵扯到原则问题，却关系重大。"（明·杨廷和·《请免禁杀猪疏》）迫于各方的压力，1520年（明正德十五年）三月，明武宗朱厚照不得不悄悄地取消禁令，只是要求在他所经过的地方稍微回避。

作为对比的是，杨廷和将所谓宗庙祭祀和日常生活都离不开猪肉更是上升到"事体甚大"的高度，在数百年前绝对是难以想象的。

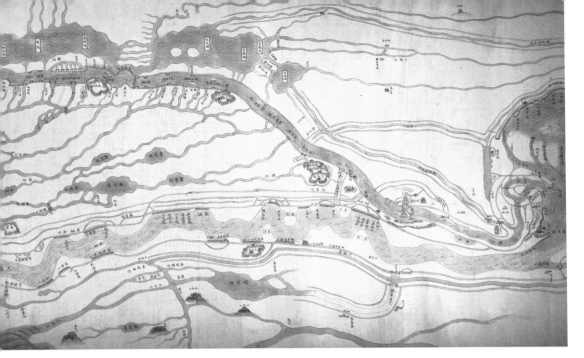

⊗ 《大运河图卷》（局部）

佚名。美国纽约大都会艺术博物馆藏。

猪肉的逆袭

中国拥有 9000 年的猪的驯化历史，自古以来，猪就和牛、羊一起，并称"三牲"。在祭祀所用的"三牲"规格中，牛最上，羊次之，猪最次。由于历代为保护耕牛而禁食牛肉，所以从先秦到两汉，羊肉和猪肉这两种主要的肉食，一直在中国人的餐桌上来回"拉锯"。

魏晋南北朝以后，中国北方游牧民族与汉民族的血液不断交融，沿袭北朝风习，羊肉在中国人心目中的地位也越来越高，赵宋官家的御厨里，甚至将"止用羊肉"作为"祖宗家法"（宋·李焘·《续资治通鉴长编》）。在北宋，猪肉在人们心目中一直都是"贵者不肯食，贫者不解煮"的低档廉价肉食。在羊肉的主流话语权之下，甚至连中医在很长时间里都认为猪肉"有小毒"。

但是，随着北方在长期战乱中环境、经济被破坏，中国的人口、经济重心日渐向南移动。特别是宋室南迁后，以太湖流域为中心的两浙路成为经济发展的龙头。在相对湿润的南方环境里，显然养猪远比养羊更为适合，南宋一代成为中国人肉食消费转向猪肉的决定性时期。到了明代初年，猪肉已经成为中国人的首选肉食，并被称为"大肉"。而后建立后金和清朝的满族，猪肉也是他们传统的肉食来源之一。

这也是杨廷和之所以能够说服明武宗，解除禁猪令的最关键原因。天下之大，这种家畜已经成为人们饮食中必不可少的一环，甚至和百姓的经济生活紧紧地捆绑在一起，形成了一个牢不可破的系统。统治者的威严法令和严苛的执行，已经无法从内部去打破和解构了。

⊗ 祭祀太牢

选自《帝王道统万年图》。画中绘的是汉高祖刘邦以"太牢"之礼祭祀孔子的场面。古代帝王祭祀时，使用三牲祭祀，称为"太牢"。刘邦祭祀孔子，开了历代帝王祭祀孔子的先河，同时也彰显出一代帝王的威仪。

⊙ 《雍正帝祭先农坛图》卷（节选）

春日之际，明清两代皇帝会带领文武百官在先农坛祭祀先农诸神。大约每年的农历二月或三月，皇帝会到先农坛举行祭祀先农的仪式，并换上龙袍到地里亲耕，以表示对农业生产的重视。图中祭坛上摆的是大三牲，羊、牛和猪，羊代表祥泰，牛代表勤奋，猪代表富足。

⊙ 陶胎黄釉卧豕

唐代。北京故宫博物院藏。

可以没有牛，不能没有猪

人的生活被家畜捆绑，不得不说是源于一种无奈。

就在撰写《天工开物》的过程中，宋应星在苏州一带注意到了一个他认为十分划算的现象。在这个被誉为"苏湖熟、天下足"的地区，很多农民都用铁锄代替犁，而放弃了牛耕。

按照这种习惯，宋应星作了一番计算：假设有牛的农户能耕种十亩农田，没牛的农户用铁锄，勤快些，也能依靠人力种上前者田数的一半；既然没有养牛，那么秋收之后就不用在田里放牧，土地空闲出来就可以种植豆、麦、麻、蔬菜等，通过复种来得到二次收获，就能弥补荒废了的那一半田地的损失，和养牛户的收入差不多。

宋应星得出的结论是：算上买牛和水草饲料费用，以及盗窃、病死等意外，那么人力耕作比牛耕要划算得多（明·宋应星·《天工开物·乃粒》）。按照他的计算方法，如果农夫足够勤勉，再加上复种，同样面积的土地还将能供养更多的人口。

精密的计算，正是源自承平日久、生齿日繁的生存环境。明朝中后期，一些地区的人口已经相当稠密，尤其是东南沿海的人口压力十分显著。闽浙沿海人民泛海求生，甚至不惜踏上海上走私贸易之路，更是人口增殖压力下的被动选择之一。

如果说宋应星的纸面精算，随着改朝换代而湮没于故纸堆，那么随着清朝定鼎中原、"康乾盛世"的到来，剧增的人口带来的口粮难题，在代表"提效"的牛耕和代表"增量"的两熟制之间，已发生了现实的矛盾。

1743年（清乾隆八年），经过全国统计，中国的人口达到了1.6445亿，大大突破了历史上有书面记录的数字。要维持日益增长的人口需要，首先必须解决粮食问题。在玉米、番薯、高粱等作物的加持下，丘陵山地也大面积被开发利用，全国的耕地面积达到了11亿~12亿亩，比明朝时增加了

⚶ 《姚大梅诗意图》册之牧牛页

　　清 任熊。取姚燮诗句的意境，绘成《姚大梅诗意图》册。此页绘的是牧童在牛背上放风筝的景象。

152

50%，粮食总产量较明朝提高了一倍左右。考虑到许多地区已经寸土无闲，清政府开始在全国范围内推广双季稻。

1746年（清乾隆十一年），在"苏湖熟"中的另一地即湖南，巡抚杨锡绂屡颁告谕，"劝种两熟稻谷"。然而在湘南、湘西地区，于每年七八月间早稻收割后，就有在田野上放牛的习俗。因此，早稻成熟后要尽早收割归仓，以免遭牛践踏；而得雨复抽余穗的"稻孙"就被牛啃光了，晚稻等后作的发展也被牛给限制住了。

因此，如果要选择种双季稻或荞麦、菜豆等后作，必须革除抛牛放野之俗。为此，从官方到民间，人们想出了各种限制牧牛的方法，如"筑墙以御牛牲""冬至后均禁使牛"、政府设厂圈养、田亩相连者相互监督等。

在吃饭问题的压力下，人们在"提效"和"增量"之间，优先选择了后者。这也意味着，中国农区畜牧业为种植业服务、单一的种植业格局已成定势。在这样的选择中，猪身上的种种饲养特性得到了进一步放大。

⊘ 卖牛肉

选自《清国京城市景风俗图》。

⊘ 卖猪肉

选自《清国京城市景风俗图》。

并非为了吃肉

1802 年（清嘉庆七年）春，适逢国家修撰"三通"，整理地方志，庐州府合肥县知县左辅，组织地方学人仕子，重修《合肥县志》。在写到当地农牧业的时候，作者在文中总结道，养猪应该设猪圈，不能野放散养，这样会有三大好处：猪圈的垫土每月更替出来，用来垄地最为肥沃；不让猪在野外放养，也不会损伤禾苗、蔬菜；这样就可以避免邻里之间发生争吵（清·《嘉庆合肥县志》）。

圈养而非放牧散养，类似合肥当地的规则，在清代已经成为通行的养猪基本行为守则。这些地方基层官吏们在谈及养猪利好的时候，并没有提到猪肉的食用价值，而是将关注的焦点放在了垄地肥田上。

正如人们担忧放养耕牛会影响土地的利用时长一样，由于猪和人类一样是杂食动物，不像养牛一样需要大量的草料，把猪圈养起来，和人类一起过"居家生活"，猪除了能够吃人们日常的残羹剩菜之外，还能够消化人不能吃的谷糠、瓜皮等农副产品边角料。如此一来，人们不仅不用担心猪在田间乱拱作物，而且圈舍里留下的粪便和垫猪圈的稻草灰混合，又能够转化成上佳的肥料，回到因轮作复种而大量消耗地力的田间。

除了作为肥料生产者之外，猪在此时的中国乡间还扮演了另一个重要的角色——金融产品。

1855 年（清咸丰五年）四月，在浙江松阳县南部的石仓乡，当地地主阙翰鹤花费了 3840 文钱，从母猪户那里购入了一只 30 斤重的小猪，并以借贷的方式，委托给了同乡农民单石富代养。双方约定，9 个月后返还猪条（即未到屠宰期的半成猪），除了小猪本金之外，还约定了 2% 的月息，并且无息贷给单石富小猪饲料糠、大米和一斤五两猪肉，单石富欠下了共计 6317 文钱的债务。

到次年正月的 9 个月间，单石富将小猪养大为 80 斤的猪条，按市价计

9900 文钱。阙翰鹤以实物形式支付了一批大米、黄豆和一斤二两猪肉后，将余款 1790 文钱转存到了自己胞兄阙翰玉开的乡间肉店，而单石富可以随时到肉店提取肉或者现金（《石仓契约》）。

在这 9 个月的时间中，地主家除了获得利息收入之外，还得到了正在育肥期的猪条，资产增值更快。而农户单石富并没有支出现金，他向地主借来小猪养在自家猪圈，通过投入劳动和糟糠，也加入了养猪的行列。在代养的过程中，获得了宝贵的肥料，在完成代养后，他还获得了一笔现金储蓄。

然而，在长达 9 个月的饲养劳动中，除了现金收益之外，单石富向地主提出的实物支付中，只有不到 3 斤的猪肉，更多的则是换成了粮食——肉食虽然可口，但远远不如主粮来得实惠，因为这样更能填饱肚子，养活更多的人口。

贫苦的中国农民投入养猪的劳动，其出发点包括消耗糟糠、获得积肥、种更多口粮、换取现金收入，而吃猪肉本身、提升生活品质，恐怕在他们心目中，只能排到最后一位。

我之砒霜，彼之蜜糖

由于吃肉在养猪的种种目的中排名垫底，这件事本身也被当时的中国人贴上了道德标签，成为生活必需之外的奢侈享受行为。嘉庆年间，湖南因为农业发达，家畜家禽饲养较多，吃肉的机会也就多了起来。结果这被时人批评："酒肉这些食物古人是供给老人的，而现在连年轻人都开始吃了，不但浪费，而且恐怕要耗尽福分。"（清·嘉庆《善化县志》）

于是，中国农民对于猪种的选择也便渐渐清晰起来：首先，它们需要更容易繁殖、能抗寒、能耐热、不容易生病，从而降低饲养过程中的风险；其次，农民们自己的口粮也很珍贵，所以它需要吃更低营养和粗纤维的饲料就能增重，用米谷喂猪被视为暴殄天物。

至于猪成长和增重的速度慢一些，这不是什么问题，因为它们在猪圈里多住一些时间，反而能为农户积攒更多的猪粪肥。而且，生长增重更慢的猪，会拥有更多的脂肪肥肉，能够提供更多的热量，比瘦肉更为耐饥，这对于一年当中没有太多机会尝到肉味、劳动强度很高的中国农民来说，是更为现实的选择。

在为了能和种田产生协同的价值取向下，中国农民选育出的东北民猪、大花白猪、金华猪、嘉兴黑猪、内江猪等中国本土猪种，全部具有繁殖力高、对周围环境高度适应、饲料利用率相对较低、生长速度相对较慢、脂肪多而瘦肉少等特性，许多本土猪种的肉质嫩而多汁，肌肉纤维间充满了脂肪颗粒。

然而，这些美妙的味道对于饲养它们的中国农民来说，只是他们繁重农活中的一部分而已。他们在仅有的一小块耕地上投入越来越多的劳动，粗粝的粮食依然仅够果腹。于是，他们希望养猪能够带来更多的肥力，生产出价格更高的细粮和肉食向城镇输出，换取更多的粗粮供自己食用，以便养育更多的廉价家庭劳动力，从而应付日渐艰辛、但回报越来越小的劳作。

生活就这样变成了一个顽固的封闭循环，使他们深深地陷入这无可奈何的"内卷化"中。甚至，随着中国人口突破4亿、殖民侵略的到来和白银的流失，农民们能吃到猪肉的机会还会继续减少。

然而，对于那些远道而来的欧洲人来说，当他们尝到中国猪肉以后，一定会念念不忘那种柔嫩多汁、香味扑鼻的滋味。此时的他们，正对全世界的物种充满了好奇。

温莎城堡里的巴克夏猪

1841 年，《美国农业家》杂志的主编亚兰访问英国，在英国境内的农场经过一番采访后，报道了最新品种——黑色巴克夏猪。从 1770 年开始，英国人就开始了猪的培育工作。而它正是由中国广东的黑白花猪以及暹罗猪，

⊗ 陶猪

　新石器时代河姆渡文化。中国国家博物馆藏。

⊗ 猪

　选自徐悲鸿《十二生肖图》。

和英国本土巴克夏郡的母猪进行杂交而来。

这些来自中国的华南猪，有的黑毛、有的花白、体形中等。起初，它们对英格兰的阴冷天气非常敏感，但很快，它们的杂交后代就显现出了优良的特性：容易饲养、性情温顺、成熟快、净肉率高，而且肉质肥美，远胜英国的本土品种。

巴克夏猪的培育，恰巧发生在第一次工业革命开端、英国的农业革命走向高潮的时间点上。

通往新大陆的航路开辟后，紧跟着西班牙的脚步，英国成为新兴的海上霸权国家。工场手工业的发展、对外贸易话语权的确立，让养殖业在英国成为获利丰厚的事业。新旧贵族赶走农民，强占土地，变成个人私有的大牧场、大农场。

进入 18 世纪中叶，议会通过的圈地法案，更使这种行动变得合法公开。资本主义的农场规模不断扩大。资本的集中推动了农业技术的提升。18 世纪后半叶的 50 年，英国的人口猛增了 41.8%，而在食物方面，仅谷物产量就增长了 28.1%。充足的食物供应，为工业化所需的劳动力增长提供了坚实的保障。也正是在 18 世纪 60 年代，一个蓬勃的"机器时代"在英国萌发了。

正是在这样的背景下，英国的大农场主们也将注意力从牲畜育肥转移到了培育良种上。除了英国人最关注的绵羊之外，猪也成为重要的培育对象。1830—1860 年，巴克夏猪已形成稳定的遗传特点，头尾部和四肢末端呈微白，其余地方为黑色，正是它的典型外貌特征，并成为英国皇家畜种精品，皇室甚至将巴克夏猪饲养在温莎城堡中。而在 1823 年成立的美国巴克夏猪协会，第一头有名有姓的巴克夏猪，就是维多利亚女王亲手培育的"黑桃 A"。

这是信奉达尔文的时代，率先迈入了"机器时代"的欧洲人，凭借着他们的坚船利炮，寻找一切"有用的"植物和动物，并把包括巴克夏猪在内、那些代表着他们先进技术的品种播撒向世界各地。

而那些率先走向工业化的国家也利用技术优势，依托中国本土猪的血统，培育出了各种优良猪种：英国的约克夏猪、美国的波中猪、丹麦的兰德瑞斯猪，乃至东亚的后起之秀日本鹿儿岛黑猪……这些如今知名的优良猪种，或多或少地，都带有中国本土猪的血统。

而此时的中国和中国人，还在围绕着自己猪圈里的猪，万分努力却又毫无头绪地在世界变革的十字路口徘徊。

被排斥的"师夷长技"

就这样，在足足错过了 203 个春秋后，中国人再一次迎来了远渡重洋、武力叩关的英国舰船。随着帝国主义的入侵，殖民者在陆续来到中国时，也把他们培育出的优良猪种，如巴克夏猪、约克夏猪、波中猪、杜洛克猪等带入中国饲养并繁殖。但是，中国养猪技术的发展，并没有因洋人和洋猪的到来而有所改观，依然沿着几千年经验的老路缓慢前行。

随着国门一步步洞开，中国在军事、经济上一次次被打得头破血流。甚至连中国最为自豪的独家农产品茶叶，都陷入了被动挨打的局面。1878年，受命游历印度的江西贡生黄懋材在大吉岭，发现英国人的茶园已经形成了巨大的规模。10 年后，英国从印度进口茶叶的数量超过了中国。这也意味着，晚清的出口贸易中最主要的商品——农产品，从此也优势不再。

那些开眼看世界的有识之士们意识到，需要全面引进西方科学技术，而农牧业也是其中的重要一环。1896 年（清光绪二十二年）冬，为了改变中国农业落后的面貌，中国农学家、教育家、考古学家罗振玉和徐树兰等人在上海创办了农学会和《农学报》，传播新知、新论、新法，并且首倡引进国外先进畜种。由此，一场轰轰烈烈的兴农运动在近代中国掀起。

1907 年（清光绪三十三年），年仅 30 岁的赴美留美生陈振先，从加利福尼亚大学获得农艺学博士学位而毕业。回国后，担任奉天农事试验场监督的他，引入了少量巴克夏猪，开始了对东北本土猪种的改良。自此以后，政府、学界、商界相继引入外国猪种，来改良、培育中国的猪种。

然而，由于持续不断的衰弱和战乱，中国近代猪种改良工作大多半途

◈ 《江南耕作图》

　　画中描绘的是初春的南方，农民开始了新一年耕种的场面。选自清代绘本《苏州市景商业图册》。

而废。回到中国农民们对于猪的期待，他们以积肥和储蓄为主要目的的养猪劳动，已经和传统的本土猪种形成了无法分割的协同；一家一户为单位的个体小农生产方式，使他们更没有能力去投入扩大再生产；而人多地少之下的口粮压力，更不可能给猪提供优质的饲料。

生存的压力，让中国的养猪主力——个体农民更倾向用原来的方式、饲养原有的品种。在这顽固的系统面前，那些希望师夷长技、引发中国质变的人们最终失败了。直到新中国成立前夕，中国都没能育成任何一个属于自己的新标准品种。

猪种危机

进入 20 世纪 50 年代后，中国终于通过引进品种，并以杂种群为基础，培育出一批新品种，如哈白猪、上海白猪、北京黑猪、新金猪等。改革开放以后，随着生活水平的提高，猪肉更多地进入了寻常百姓家。1978 年，中国猪肉产量 789 万吨，年人均猪肉占有量 8.2 千克；而到了 2018 年，中国猪肉产量跃升至 5404 万吨，年人均猪肉占有量达到 38.7 千克。

与此同时，膘厚体肥的本土品种已经难以满足人们的消费需求，他们不再需要像祖辈们那样，处处考虑着耐饥，瘦肉型猪越来越受欢迎。容易繁殖、适应性强、耐粗饲料、生长期慢、肥肉率高的中国传统本土猪种，在竞争之下节节败退，市场占有率一度只剩下 2%。到 2008 年第二次全国性畜禽遗传资源调查完成之时，125 个本土猪种中，有 4 个品种的确定灭绝，31 个品种濒临灭绝。而巴克夏猪，在中国也渐渐淡出了人们的视线。

与此同时，中国与国外瘦肉型猪的系统性育种水平，相差了近 50 年。如今，虽然中国的猪肉产量和消费量均超过全球 50%，但猪种却在很大程度上需要从国外进口。2020 年以来，种猪进口量显著上升，全国引入种猪数量超过 22000 头，创下了历史新高。至今为止，作为一个养猪大国，中国还没培育出具有强大国际竞争力的猪种。过度依赖国外猪种资源，对我国整个生猪产业及国民经济产生了深远影响，也变成另一个"卡脖子"的威胁。

当我们再次回溯这 300 多年的故事时，分明可以看到，一头猪成为东西方农牧业分野的标志：地球另一端的欧洲，在现代科学的指引下，农牧业的发展为恢宏的工业革命奠定了基础；而地球这一端的中国，在人多地少的矛盾下，越发坚定了畜牧业为种植业服务、单一的种植业格局，陷入了单位土地劳动投入越高和边际回报越低的顽固循环中。

中国的猪种在为全世界提供珍贵血统的同时，自己的畜牧科技却从此落于人后。或许时至今日，中国的养猪事业都还没能从两三百年前的"内卷化"阴影中完全脱身而出。

茶，禁锢中央帝国的『绿色藩篱』

780 年（唐建中元年），陆羽的一册《茶经》令长安纸贵。很快，对于茶叶的喜爱，从中原播撒到了天山脚下和雪域高原。随着文明之间的战争迷雾在这块陆地上消散殆尽，四方的游牧民族与中原农耕民族第一次发现，原来有茶这样一种饮料，可以让双方好好地坐下来，谈谈买卖，互通有无，让彼此从陌生到熟悉，从认同到融合。

但是，这一切都要建立在"华夷同体"的认同上。如果有人违背了这个原则，那么，纽带又会化为羁縻，通途上又会重现藩篱。

784 年（唐兴元元年）七月十三日，在大唐诸道兵马副元帅李晟平定泾原兵变、朱泚之乱后，唐德宗李适终于得以从山南梁州（今陕西汉中）还都长安。此时的长安，在经历了安史之乱、吐蕃剽掠之后，已远非唐玄宗时的繁华都城。

那个在少年时就饱尝战乱和家国之痛，刚即位时还信心满满、想要重振大唐雄风的唐德宗李适，从此将开启一个隐忍的时代。4 年之后，他终于答应了回纥合骨咄禄可汗迎娶唐廷公主的和亲请求，并且应回纥之请，将称谓回纥的汉字改为回鹘。在安史之乱中如同兄弟般一起战斗的两个民族，

◎ 唐德宗李适

唐代宗李豫长子，李适在位前期，明理自强，政通人和，后期增收茶叶等杂税，致使百姓生活负担加重，政局转坏。选自《三才图会》。

重新回到了蜜月期。

不久，在长安城逐渐升起的烟火气中，一支庞大的回鹘商队穿过河西走廊，悠悠地踏进了长安城。商人们带来了大批回鹘名马，他们此行的目的并不是像过去一样，来交换大唐的铜钱和绢帛，而是希望能带走另一样在大唐流行的饮品——茶。那一天，时任检校尚书吏部郎中，兼御史中丞的大唐官员封演，在自己的笔记中记下了这一幕"怪"事（唐·封演·《封氏闻见记·饮茶》）。

正是在唐德宗李适即位次年（唐建中元年，780年），陆羽3卷10章7000余字的《茶经》付梓，一面世即长安纸贵，爱茶之人都要在家里收藏一本。而在封演的所见所闻中，中原人士对于茶叶和饮茶的沉溺与喜爱，已经跨过祁连山，远播到了天山和昆仑山脚下。

这是史籍中第一次关于茶马贸易的记载。随着文明之间的战争迷雾在这块陆地上消散殆尽，四方的游牧民族与中原农耕民族第一次发现，原来有这样一种饮料，可以让双方可以好好地坐下来，谈谈买卖，互通有无，而不是动辄刀兵相见、你死我活；原来有这样一种饮料，可以让彼此从陌生到熟悉，从认同到融合。

当然，这一切都建立在公平的基础之上。倘若有人违背了这个原则，那么纽带又会化为羁縻，通途上又会重现藩篱。

发现了不得了的文明资源

并不追求利润的"贡"与"赐"

时光倒回到 609 年（隋大业五年），隋炀帝杨广亲自带领大军，从京师长安出发，由陇西西上青海，横穿祁连山向西域进军，驱逐横亘在"丝绸之路"上的吐谷浑势力。

从东汉末年到南北朝，在经历了 400 年的长期战乱和政权更迭后，中原地区对外交往与中西经济交流虽然仍有持续，但中央政府在西北方向上的影响力已远不及两汉。为了能让帝国的政治经济"盛德大业"重新扩展影响到亚欧大陆的广大地区，在大隋黄门侍郎裴矩的西域外交经略下，一场"万国大会"也在有着"张国臂掖，以通西域"之称的张掖酝酿。609 年（隋大业五年）六月十七日，隋炀帝亲临张掖并登临焉支山。高昌、伊吾等西域 27 国君主或使节在道旁恭迎大隋天子（唐·魏徵等·《隋书·炀帝纪》）。

对于西域民族来说，他们则希望用自己草原上的马匹牛羊作为"贡品"，到中原换得价值翻倍甚至数倍的金银，或者丝织品、瓷器等手工业品。而中原天子此时更看重的不是买卖本身，而是"朝贡"的形式，即藩属使节来朝觐见并贡献方物，而中原王朝则隆礼接待且以优厚的物品作为回赠。在中原帝国的外交礼仪范畴之下，这种"贡"与"赐"当然不是以商业利益为最高，而是注重政治与文化的交流和影响。

就像在大业五年的"万国大会"之后的次年（610 年），西域各国使节和商人请求到东都洛阳进行交易。在皇帝的命令下，东都的饭馆都免费为胡商提供酒食，道路上的树木都缠上了缯帛，以示中原王朝的丰饶（宋·司马光等·《资治通鉴·隋纪五》）。当时就有狡黠的胡商问道："我们路上也

◈ 《职贡图》

唐 阎立本。画中描绘的是唐太宗时期，各国使者到唐朝向唐太宗进贡、四方来朝的盛世之况。唐太宗时期，大开国门，与周围多国进行政治经济上的往来，加强了少数民族与汉族进一步的融合交流。

◈ 《贡马图卷》

元 任仁发。台北故宫博物院藏。

曾看到衣不蔽体的穷人，为什么这些丝帛即使用来缠树，也不送给他们做衣服呢？"

尽管如此，但由张掖盛会而起的往来贸易，让"丝绸之路"又恢复了畅通，真正搭建起了一座欧亚大陆桥梁。不过，直至此时，在中原农耕民族和四方的游牧民族之间，官方往来的"贡"与"赐"中，还没有出现一种足以影响到彼此国计民生的大宗消费品，能够支撑起持续而对等的贸易。

直到 7 世纪暖湿气候的回归，一种绿色植物的嫩芽开始在人们的舌尖和心头萌发，展露出了勃勃生机。

大时代里的茶叶小时光

早在周武王翦殷灭商时，就将其一位宗亲封在巴地。巴国的诸侯向周天子献上贡礼时，特地在贡单中注明，在这些贡礼中，尤以荔枝、辛蒟和芳蒻香茗为珍贵（晋·常璩·《华阳国志·巴志》）。野生茶树最早在中国的云贵川、两广、海南等南方山地、丘陵拥有了自己的立足之地，而后，它们沿着先民拓殖的步履，由巴蜀而荆楚，再到东南沿海、江淮地区和珠江流域，乃至黄河流域的陕西大巴山和甘肃陇南，慢慢延伸着自己的领地。

尽管在两汉和魏晋时期，茶树的种植区域进一步扩大，但依然还是一种珍稀品，主要供王公贵族和文人雅士们消费，并留下些许清淡之风的笔墨记载。但在一遇旱涝就可能饥荒的民间，能搜刮肠胃的茶，注定是个奢侈品，只能偶尔作为药用。

隋唐以降，伴随着气候回暖，中原地区生产力得到了极大的恢复，先有"贞观之治"，后有"开元盛世"。在"不知金鼓之声、烽燧之光"的稳定生活中，茶就这样在一个大时代中走进了人们的小时光。

陆羽的《茶经》中记载，中唐时期，中国的茶叶种植地域就有山南、淮南、剑南、黔中、江西等 8 道共 43 州。而现代研究发现，整个唐代的产茶州，达到 90 多个，尤其是在江南道，茶树几乎遍及各地。茶，俨然已经是最为重要的经济作物之一。

与此同时，一条纵向连接中国南北的大运河，成为整个帝国的经济大命脉。而茶叶和饮茶之风，也随着由大运河而连接起的庞大水上交通网，从南向北地感染着越来越多的人。

开元年间（713—741 年），泰山灵岩寺中，一位禅师大力提倡禅宗。按照寺院的要求，学禅时不能打瞌睡，晚上也不能进食，只允许僧人们喝茶提神。于是，僧人们自己怀中揣着茶叶，无论走到哪儿讲禅，都自己煮茶喝，人们纷纷效仿（唐·封演·《封氏闻见记·饮茶》）。

一盏小小的茶碗中，荡漾的是人们温饱渐足、尚有闲情的日子，倒映出的是统一的中央大帝国的强盛，以及中原文化的强大感染力。当那些穿过河西走廊来到中原的周边民族，带着仰慕之情穿行在琳琅满目的长安时，他们的眼神一定会在茶汤中映出光芒来。

和平女神带来了茶叶

634 年（唐贞观八年），吐蕃松赞干布的使者抵达长安，随后向大唐提出了和亲的请求。但两个陌生文明之间的接触之初，难免会产生误解和冲突。在经历了松州一战的激烈对抗之后，唐蕃之间终于走向了和解。

641 年（唐贞观十五年）正月十五日，大唐文成公主，在大唐送亲使江夏王李道宗和吐蕃迎亲使禄东赞的伴随下，从长安启程，翻过日月山，长途跋涉前往吐蕃逻些（今拉萨）。

在浩浩荡荡的送亲陪嫁车队中，除了佛像经卷、金玉饰物、锦缎丝帛、谷物种子之外，还有中原特产的茶（索南坚赞·《西藏王统记》）。这个 16 岁的少女，就像一只象征着和平的鸟儿，衔着一叶茶，从中土飞向高原雪域，不仅让茶这种饮料为边地游牧民族所知，也让平等互利交往的种子在西域和高原上萌芽。

事实上，早在 625 年（唐武德八年），当承隋制的大唐在立国之初，百废待兴之时，突厥、吐谷浑等民族就请求和市。唐高祖李渊在咨询了曾为隋炀帝安排了张掖盛会的裴矩后，下令批准了这一要求，开展政令之下的互市交易。从 731 年（唐开元十九年）开始，唐蕃之间也在赤岭正式开展互市。

⊜ 《步辇图卷》

　　唐 阎立本。这是一幅色泽浓厚艳丽的工笔人物画作。描绘的是唐太宗李世民接见吐蕃使臣禄东赞的情景。松赞干布派使臣来迎娶文成公主入吐蕃，使唐朝和吐蕃之间在很长一段时间里和睦相处。

◈ 松赞干布画像

　　清。画面正中为松赞干布，座前四人，着红衣衫的是唐朝文成公主，着蓝衣衫的是尼泊尔尺尊公主，文成公主前方站立青年为吐蕃大臣吞米桑布扎，尺尊公主前面拄杖者是吐蕃大相禄东赞。

不过，此时的互市，也还没有脱离隋以前注重政治与文化的交流与影响、双方以"贡赐"往来的形式。茶叶也还没有成为官方主导贸易的主角，在互市中，中原帝国输出最多的是绢布。尤其是在长达 8 年的安史之乱之后，由于李唐王朝要重整军备、畜养战马，又因为曾向彪悍的回纥借兵平叛，以绢和马为最主要贸易品的互市，开始走向失衡。

买马买到血亏的大唐想起了茶

773 年（唐大历八年），这一年，在连接草原和长安的河西走廊一路上，马蹄声和马铃叮当声一直不绝于耳，自恃助唐平定安史叛乱有功的回纥使者络绎不绝地牵着马匹来访。五月，尽管对入市的马匹感觉采买吃力，但为了让回纥开心，唐代宗李豫依然同意尽可能地都买下；七月，又一次带着马匹来的回纥使者仍然完成了交易，回程中载着绢布和其他馈赠的车辆，多达千乘。

仅仅一个月后，回纥使者赤心带着多达 1 万匹的马再次到来，要求互市，开出的价格是 1 匹马换 40 匹绢。在大唐和回纥的绢马贸易中，这几乎是一个标准比价。但 40 万匹绢的负担，此时的大唐实在是无力全部承担。大唐这边足足研究讨论了两个月，于十月才回复赤心，能不能只买一千匹马。

这显然和回纥的"开价"相去甚远。常年驻守朔方镇、目睹年复一年回纥互市的名将郭子仪，深知和平不易，自愿掏出个人一年的俸禄为国买马。又纠结了一个月后，唐代宗李豫终于下令买下其中的六千匹马（宋·司马光等·《资治通鉴·唐纪四十》）。

在回纥胃口越来越大、绢马贸易越来越血亏的境况下，大唐不得不寻求一个更加公平合理，并且让那些放马的汉子们也能喜闻乐见的交易替代物。此时，中原出产越来越多、能够为游牧民族提供营养补充、日用也越来越多的茶，便成了唐帝国与四方游牧民族互市的全新选项。

就在陆羽的《茶经》付梓的次年，也就是 781 年（唐建中二年），奉使前往吐蕃会盟的唐朝监察御史常鲁公，正在大帐里煮茶喝。吐蕃赤松德

⌂ 《临韦偃牧放图卷》（节选）

北宋 李公麟。韦偃，唐代画家。李公麟奉旨临摹，画中有1200余匹马和100余人，表现出了皇家牧马的壮阔场景。在古代，马是驰骋沙场的坐骑，它们英姿飒爽，潇洒不羁，还有勇于献身的高贵品格。

赞看到后问："这煮的是什么？"当得知是在煮茶后，赤松德赞开始了极为"凡尔赛"范儿的动作：他让人把自己珍藏的茶一件一件地摆出来，给大唐的使者"报茶名"："这是寿州茶，这是舒州茶，这是顾渚茶，这是蕲门茶，这是昌明茶……"（唐·李肇·《国史补》）

同样，在了解到了茶的好处之后，回纥也将目光转向了这种中原的新晋土特产。于是，这也便有了本文起始、封演在长安城里目睹的以马市茶的那一幕。为了满足以茶市马的官方大宗商品交换，也正是从 783 年（唐建中四年）起，唐政府开始以"十取其一"的税率征收茶税，并开始对茶实施政府专卖的"榷"制。

从此，在中原与游牧区的往来商道上，日益萦绕着浓浓的茶香。作为在农耕区和游牧区生活中都有实际需求的大宗商品，茶叶也推动着互市贸易的货物由奢侈品转向实用品，由"贡赐"关系的非等价交换逐渐转向了公平贸易。不出产茶叶的边疆塞外游牧民族，不得不进入茶叶贸易网络之中，原本互不触及根本的不同贸易圈，通过茶叶开始交织在一起。不远的将来，在边市上公平地以茶易马，将会成为中原王朝的一条基本贸易政策。

茶和马缔结的联盟

"弱宋"的贸易选择

北宋立国之初，就参考唐代建立起了榷茶制度来广开税源。自 977 年（北宋太平兴国二年）起，宋辽之间的边境贸易就全面铺开，镇、易、雄、霸、沧等州正式设立了榷场。此时，在大宋的北方和西北方向，适合畜牧的区域大部分都被周边游牧民族政权所占据，尤其是作为中原门户的幽云十六州。要充实骑兵部队，就需要考虑通过贸易的方式，从草原上获取补充。

983 年（北宋太平兴国八年），就在党项族定难军节度使李继捧率夏、

◎《文会图》

　　宋徽宗赵佶绘。赵佶爱茶，常在宫中请群臣、文人品茶。此画便是他描绘自己宴请文人喝茶的场景。

绥、银、宥、静五州归宋，而其族弟李继迁叛宋出奔的第二年，大宋的目光聚焦到了联系回鹘（788年，回纥取"迅捷如鹘然"之意，改作回鹘）和吐蕃的咽喉之地、物产丰饶的西北重镇灵州。

盐铁使王明在朝堂上提议，在灵州一带边境上，向吐蕃、契丹、党项等部族高价买马，每年大约要输出铜钱5000贯，不但国内市场上的钱大量流失，而且游牧民族还会将铜钱熔铸为武器，因此请求不再以钱直接采购，而是改用布帛、茶叶或其他货物来换马（宋·李焘·《续资治通鉴长编》）。

继唐之后，以中原特产、货源充足的茶叶来交换马匹，真正开始兴起。同时，为了控制茶马贸易，买茶司和买马司成立，后又合并为提举茶马司，掌管榷茶、买马。而契丹、党项等民族对于茶叶的需求也与日俱增，不仅在边市上以马易茶，在向宋廷索取的"岁纳""岁赐"中，也特别要求包括茶叶。

缔结在茶马基础上的宋蕃联盟

相比和辽、西夏因为冲突而断断续续的茶马贸易，宋和吐蕃之间的茶马贸易更为庞大和稳定。要维持双方这种稳定的关系，茶马贸易的物价就是一个至关重要的因素。

为此，北宋政府根据马匹的优劣，制定了极为详细的茶马比价：马分九等（良马三，纲马六），上等良马每匹当名山茶250斤，以下从220斤至132斤递减不等。

这样的价格也不是一成不变的。1088年（北宋元祐三年）五月，陕西买马司向上级汇报，因为陇南阶州的茶叶收购价格上涨，如果按照原来同等价值的茶去换马，恐怕吐蕃人就不愿意了，所以"乞量增马价"。经过一番研究后，北宋政府决定，马匹的收购还是按原来的计价，不过，如果茶少了他们不愿意，那就换成钱或者帛（宋·李焘·《续资治通鉴长编》）。

在长年累月的茶马贸易中，大宋的买茶司和买马司官员们发现，既然是在市场上交易，那么价格就绝对不会一成不变，往往会出现茶叶价格过低或者过高，产地和年景造成的成色、产量差异，都会影响茶马比价。成都府、利州、秦凤、熙河的茶场公事李稷，针对这个问题想了个办法："立定中价，随市色增减"——也就是由茶场司先定好参考价，然后再根据市场的具体变化来调整（清·徐松·《宋会要辑稿》）。

当然，在有些年景里，吐蕃来的马匹价格持续下跌，而中原的茶价却翻倍上涨，这种情况下，死守着市场这只"看不见的手"，就意味着将买不够部队需要的马匹数量。1081 年（北宋元丰四年），群牧判官公事郭茂恂提出的建议是，如果直接用钱或者帛来补贴差价，还不如由官方给吐蕃买家们打个折，这样虽然看起来茶价稍微吃了点小亏，但因为卖茶的利润本来就比较丰厚，薄利多销既能多卖茶，又能多买马，这样一举两得。

制定政府指导价、随时关注市场价格波动、茶涨价了补差价或打折、茶便宜了限定茶叶交易数量，甚至由买茶司和买马司内部二次结算差价……为了能够和吐蕃做好茶马生意，北宋官员们也是动足了脑筋。在政府调控下，遵循公平自愿，依据市场波动来完成交易，此时宋蕃之间官营的茶马交易已经形成了一套极其缜密的交易规则和系统。而这种讲求"长期主义"的务实精神，也真为国家带来了实实在在的战略利益。

1004 年（北宋景德元年），吐蕃六谷部首领潘罗支假意向李继迁投降，暗中集结诸部人马，乱箭射杀李继迁，为北宋立下大功；1070 年（北宋熙宁三年），西夏挥师攻宋，危难关头，吐蕃唃厮啰部从侧翼出击西夏空虚的西线，西夏军队无奈后撤；再加上每年向中原输送大量马匹，支撑宋军的国马储备，建立在茶马贸易基础上的宋蕃联盟，无疑是宋帝国西部安宁的重要屏障。

断了茶的西夏"十不如"

不过，对于狡黠的党项人，北宋这边就没有那么好说话了。

对于西夏来说，宋军虽然在战斗力上无法占据优势，但以西夏的经济体量，对外依赖程度非常高。因此，一旦西夏流露出不臣之意，北宋这边的榷场就会关闭，停止互市。

1038 年（北宋宝元元年），西夏李元昊称帝。第二年，北宋陕西、河东

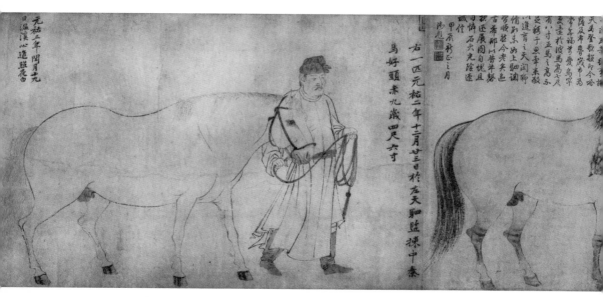

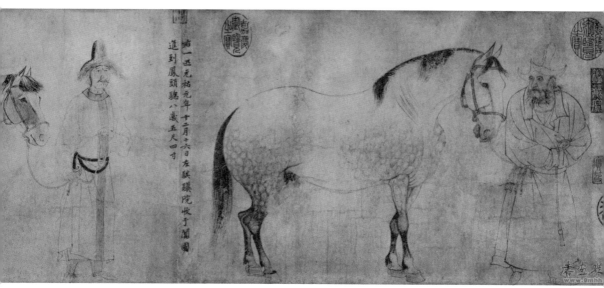

◎《五马图》

宋 李公麟。画中画的是西域进贡给北宋朝廷的5匹马和分别牵马的5人。在每匹马旁边都有黄庭坚的题
字，来表明每匹马的名字、年龄以及进贡时间，所置何地等。

⊙ 《南宋李地春郊牧羊图》

元末明初。团扇页，画面呈现的是春季郊区山林里牧羊的场景。美国纽约大都会艺术博物馆藏。

⊙ 西夏内宿腰牌

此牌是西夏高级侍卫所持的腰牌，也是军中信物。

等边境上的互市关闭，直到"庆历和议"之后的 1044 年（北宋庆历四年），大宋保安军和镇戎军榷场才恢复互市，约定每年向西夏购买马匹 2000 匹，羊 1 万只；1057 年（北宋嘉祐二年），西夏毅宗李谅祚诱杀保安军宋将，北宋边境陕西四路的榷场再次关闭，直到 1067 年（北宋治平四年），西夏求和，互市才得以重开。

在榷场关闭的日子里，西夏国中就陷入了物资短缺的困境。货币不足导致一匹绢的价格涨到八九千钱，牛和羊只能卖给并不缺乏的契丹人，往日能够从中原采购的茶更是没有了，西夏民众甚至传唱着一首叫作"十不如"的歌谣，抱怨生活的艰难（元·脱脱·《宋史》）。

尽管按照"庆历和议"的约定，北宋每年还要向西夏支付大量的白银、绢布、茶叶，但边境榷场关闭能让西夏暂时服软，这件事却开了一个并不是太好的头。

从"绿色长城"到"绿色藩篱"

贱其所有，贵其所无

自从大唐构建的大帝国崩溃后，原本以中国为中心的东亚国际秩序也随之瓦解了。而宋元以降，从东亚到中亚乃至海外，各国之间经济贸易联系却日益紧密，国家和民族之间的贸易往来也更加注重市场自身的规则。对于重建起汉族中央政权的明太祖朱元璋来说，从立国之初，他就在考虑如何重建犹如当年盛唐时的国际地位。

在这样的雄心壮志之下，北宋在茶马贸易上的态度让明太祖朱元璋看着非常碍眼。尤其是在 1397 年（明洪武三十年），驸马都尉欧阳伦偷贩私茶出境而被赐死，陕西布政使也被处以死罪。明太祖朱元璋发现茶叶走私的严重情况后，专程派驸马都尉谢达带着口谕送给自己的第十一子蜀王朱椿，说游牧民族不可一日无茶，但由于私茶泛滥，导致"夷人所贱"。

紧接着，明太祖朱元璋告诉蜀王一条"制戎狄之道"："如果说这世上

◎ **明太祖朱元璋真像**

明太祖朱元璋 (1328—1398 年)，布衣出身，推翻了蒙元统治，明代的开国皇帝，年号洪武。

◎ 《写经换茶图卷》（节选）

明 仇英。描绘的是元初画家赵孟頫写般若经跟和尚换茶的故事。画中赵孟頫在石几上写经书，和尚在一旁观看，身后侍童正在煮茶。美国克利夫兰美术馆藏。

有本身微小、但作用却极为重要的东西，那一定是茶。茶叶在唐代开始风行，到宋代兴盛，但宋代的方式对于国家来说，利益就变得微薄……要让戎狄服管，应该是要让他们所有的东西变得很低贱，而他们所没有的东西变得很昂贵。"（明·《明太祖实录》）

随后，明太祖朱元璋又急敕兵部："巴蜀之地所产的茶叶，从开国之初起征收，常年和西番换马。但茶叶走私导致茶贱马贵，不但让税收流失，更关键的是让'戎羌'生出了侮慢之心。"

从此，大明帝国和藏区的茶马贸易被强加上了"金牌勘合制度"，令各番酋领受，而兵部边所严加防范走私。此时，藏区已经纳入中央政府统治之下。为了让中央的权威有效地抵达草原雪域，北宋官方指导之下发挥价值规律作用的茶马互市改成了"以茶驭番"的原则，通过垄断茶马交易、卡住牧民对茶叶的特殊需求，以制约其经济发展，来达到统驭的政治目的。

高达 400% 的茶马贸易暴利

在明太祖朱元璋"以茶驭番"的政策指向下，终明一代，茶马贸易的主旋律就是官定茶价、"马贱茶贵"。

1502 年（明弘治十五年），后来成为首辅的杨一清，受命督理陕西马政。1505 年（明弘治十八年）正月间的一次茶马贸易的价差，让杨一清本人也大为吃惊：政府用官银 1570 余两，收购茶叶总计 78820 斤，在边市上易马 900 余匹（平均每匹马的价格不到 87 斤茶）。而如果这些马全部由官银结算的话，则需要 7000 余两。这种超过了 400% 的暴利，甚至让杨大人发出了"其利如此"的感叹（《明实录·世宗卷》）。

迫于明初强盛的国力，牧民们对于不平等的茶马比价，只能选择隐忍。而对内，在垄断的基础上，明政府的强力课征，让那些在茶园里辛苦劳作的茶农，非但没有凭借种茶谋得生计，反而像是埋下了"祸端"。

从两宋起，四川、陕西就是主要的茶叶产区，并且是政府茶马贸易的重要货源地。明初，随着大量流民被招抚开荒，川陕地区的茶园得到进一步开发。1429 年（明宣德四年），四川江安县的一个茶户，家里原本种植了 8 万多株茶树，但由于茶树年深枯朽、大量劳动力又被抽调去运输茶叶至外地茶马司，已经无力继续培植，而茶税却丝毫未减，导致他欠下了 7700 余斤茶税。一旦官府追征茶税，茶户就只能选择逃亡，进而又加剧了茶叶生产的萎缩（明·王圻·《续文献通考》）。

此外，为了解决官方茶叶运输力不足的问题，明政府被迫依赖民间商人转运，而这又助长了茶叶走私，政府税收又会陷入流失的境地。明政府"以茶驭番"的祖制，越来越显得捉襟见肘。

不仅如此，"以茶驭番"的态度和政策，还延伸到了明边疆马市的各种交易中。饱尝不平等贸易之苦的游牧民族，为了改变现状，就可能选择愤而走向战场。

隆庆末年，建州右卫都指挥使王杲，带着建州女真的诸部酋长，在马

◈ 明代马射图与步射图

　　明朝武科考内容。初考骑射，二考步射，三考策论。选自《三才图会》。

187

市开市时带来了马匹和特产。但是，他们带来的马匹被明朝边官指责"即赢且跛"，气得王杲箕踞（两脚张开而坐的傲慢姿势）而骂。这样的事一而再，再而三地发生，也激起了女真人纠集诸部，杀掠塞上。

1575 年（明万历三年），王杲被擒处死。明将李成梁移建宽甸六堡至辽东边墙之外，深入女真土地。建州女真首领王兀堂甚至率诸部酋环跪在巡抚都御使张学颜的马前，不惜以自己作为明政府的人质，而换取开放马市。1579 年（明万历七年），在好不容易求来开放的马市上，明政府边官在收购女真人的人参时强令减价，并且还将几十个心有不服的女真人打成重伤。面对忍让的王兀堂，明政府甚至发出了"捣其巢"的威胁。忍无可忍的王兀堂终于爆发，从此走向反叛（《清史稿·王杲王兀堂传》）。

华夷同体的世界，却因茶而阻

1554 年（明嘉靖三十三年），浙江巡按御史、肩负东南抗倭重责的胡宗宪，计划招抚海盗首领王直，他的幕僚唐枢向胡宗宪呈上了一份长篇咨文，建议胡宗宪接受王直提出的"开港互市"的请求。

唐枢建议说，中国和各族、外邦各有自己的特产，所以贸易不可能禁绝。嘉靖二十年后，随着海禁越紧，海贼反而越多（明·唐枢·《论处王直奏情复总督胡梅林公》）。

唐枢描述的海禁造成的问题，又与明政府在内陆的茶马政策何其相似。不管是面对广袤的草原还是浩瀚的大海，明政府打造了一套严密的"朝贡贸易"体制。日本学者檀上宽在《永乐帝：华夷秩序的完成》中归结道：

"这个体制的特征就是把周边国家对中国物资的需求作为筹码，将以明朝为中心的华夷秩序推广遍及东亚全域。若周边诸国要与中国进行商贸往来，就必须要置身于明朝制定的华夷秩序框架之中，受其规范。"

出人意料的是，数百年后，"以茶驭番"的种种政策又继续被清政府照抄。1828 年（清道光八年），道光皇帝针对西北方向实施贸易制裁，切断藩属国安集延的贸易通道，其中的重点就是茶叶走私，"欲禁安集延交通之弊，必先禁外夷所用之茶"。在面对远道而来的英国人时，清政府依然认

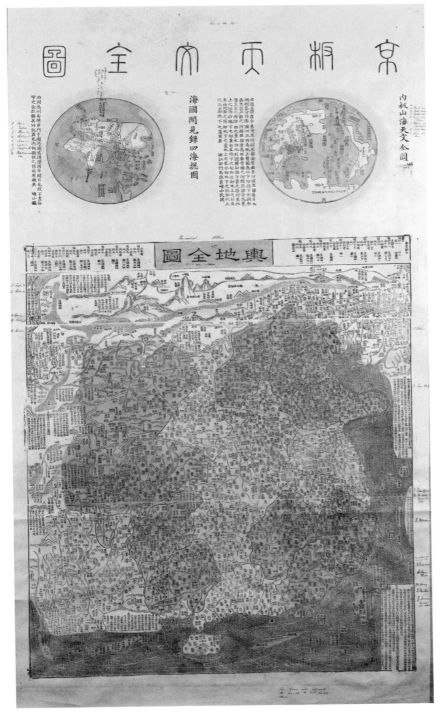

◎ 茶叶生成及贸易图册（节选）

节选了其中种茶、采茶、制茶、卖茶的部分。

为，茶叶是这些欧洲人"所不可一日无也"的东西，"以茶制夷"依然是最重要的对外贸易策略之一。

茶叶变成了这个中央大帝国为自己扎起的一道"绿色藩篱"，将自己紧紧地包裹住，生怕外面的世界有任何风吹草动，惊扰了自己的美梦。

直到1851年（清咸丰元年）二月，23892株小茶树和大约17000粒发芽茶种，以及8名中国技术工人，跟随着英国"茶叶大盗"罗伯特·福钧的脚步，漂洋过海地来到了人声鼎沸的印度加尔各答。

当年唐枢最后给胡宗宪留下的一句话，或许在今天依然可以殷鉴："切念华夷同体，有无相通，实理势之所必然。"

　　三个甲子之前，英国人凭坚船利炮叩关，一个大陆地时代的垂老帝国，一个海洋时代的新兴帝国，它们之间的惨烈厮杀，竟是从茶叶和罂粟这两种花木展开的。自负的老者终于从高台上跌落，直至两个甲子之前，迎来最深重的"庚子国变"。

　　茶叶和鸦片，这两种花木的贸易此消彼长，不亚于在东方土地上兵戎相见，继而推动了人类文明版图的划分——东方衰落，而西方崛起。

　　1839 年 1 月 10 日，伦敦明辛街（Mincing Lane），商业销售大厅，英国全球殖民地商品批发交易的中心地。

　　这一天，人们在槌声中迎来了不同寻常的一批拍卖品——来自印度的 3 箱阿萨姆白毫茶叶、5 箱小种茶叶——这是有史以来第一次从印度来到英国的茶叶。

　　拍卖的第一单被一位名为皮丁的上尉，以每磅 21 先令的价格买走，之后他包圆儿了剩下的所有茶叶，为自己经营的"浩官混叶茶"品牌（"浩官"就是指当时的中国富豪、怡和行的创始人伍秉鉴，被皮丁上尉恶意抢

◎　清　亚历山大·汉密尔顿顶饰茶盒

注为商标）造势。

仅仅 32 天之后的 2 月 12 日，伦敦的商人们就筹资 50 万英镑，成立了英国阿萨姆茶叶公司——这家公司的标志就是一棵茶树和一只大象，他们将在印度种植并生产茶叶。

此时此刻，北京的钦差林则徐正在南下广州的路途中，26 天后，即道光十九年正月二十五日（3 月 10 日），这位时年 54 岁的一品大员抵达广州。

不过在此时，林则徐和道光皇帝还没有听闻在伦敦进行的那场拍卖会中的拍卖品；也不明白其实英国人并不恐惧鸦片在中国被禁，而是更加恐惧这种植物在中国合法化种植；他们更不知道，一个来自苏格兰爱丁堡植物园的"植树猎人"，将被选中前往世界上最大的"植物园"——中国。

1840 年（清道光二十年），中国传统干支纪年中的庚子年，林则徐最终亲手点燃了一场世界两极的战争导火索。虽然在战场上刀枪厮杀的是中国人与英国人，但深藏在背后的，是罂粟与茶叶这两种花木的无形巨手。

为了凯瑟琳公主的杯中物

1660 年，流亡于法国的查理二世在众人的拥护之下回到英格兰复辟王位。两年后，葡萄牙的凯瑟琳公主在运载嫁妆的 7 艘船只陪同下，抵达英格兰。在他们的婚宴上，她拒绝了其他客人奉上的一切名酒，而是端起一杯鲜艳的红色饮品，而这就是来自古老中国的神秘饮料——红茶。此后，红茶成为当时贵族、富商大贾们必备的身份象征。英国从此更是有了一个新的习俗，下午茶成为英国人生活不可或缺的一部分。

不只是贵族，在工业革命开始以后，茶也将为贫苦的英格兰工人们提供生活的慰藉，"在恶劣的天气与艰苦的生活条件下，麦芽酒昂贵，牛奶又喝不起，唯一能为他们软化干面包的就是茶"（戴维斯·《农工状况考察》，1795 年）。

自 1718 年开始，在英国东印度公司从中国输出的产品中，茶叶取代了生丝、绢织物而占了首位。但是，英国人必须面临一个巨大的难题：除了在以物易物的置换贸易中获得一些茶叶之外，大部分茶叶需要用白银支付，为此英国付出了巨额的白银。

18 世纪 60 年代以后，英国对华进出口贸易迅速扩大，贸易逆差也日趋严重。1784 年，东印度公司在广州的财库尚有 214121 两白银的盈余；到第二年，就出现了 222766 两白银的赤字；到 1787 年，赤字更达到了 904308 两白银。

1793 年（清乾隆五十八年），英国使节马嘎尔尼来到中国。在面见乾隆皇帝的时候，皇帝写下了一段著名的话："天朝物产丰盈，无所不有，原不藉外物以通有无。特因天朝所产茶叶、丝斤、瓷器，为西洋各国及尔国必需之物，是以加恩体恤，在澳门开设洋行，俾得日用所资，并沾余润。"

⊙　一群艺术家的下午茶

丹麦。

　　是的，中国有肥沃的土壤，能生产各种各样供食用的作物，中国的气候适宜各种果树的生长，几千年来，中国人自己之间的贸易就能构成庞大的、买卖两旺的市场，但英国人不了解中国到底需要什么（罗伯特·赫德，《这些从秦国来：中国问题论集》）。

　　18 世纪的欧洲，在世界贸易的版图中依然是个小角色。他们唯一能够在亚洲确保出货的商品是美洲金银，以此勉强买到一个三等席，搭上了亚洲经济列车。也正因此，欧洲长期处于支付赤字中，而来自美洲的金银则不断地从欧洲流向亚洲。

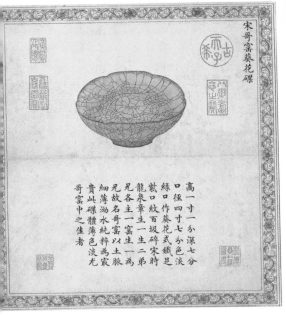

宋哥窯葵花碟

貴此碟體薄色淡尤
細薄渤水純粹為冢
兄名主一哥窯以土脈
龍泉章生一生二
獸口紋百圾碎宋時
綠口作葵花式鐵足
口徑四寸七分色淡
高一寸一分深七分
哥窯碟中之佳者

宋定窯雙鴦碟

度相等
古與前舞鳳盤制
棕紋是器體輕色
花草底微窪間露
游泳蓮池形造環
而敞中劃雙鴦作
徑四寸五分口淺
高四分深三分口

宋定窯蟠龍碟

精巧者
工緻是定器中之
許質細渤厚制作
雷文底足高一分
雲繞之口下環以
細劃作蟠龍形流
徑四寸四分器中
高八分深六分口

宋定窯瑞獸洗

古穆耳
入土故色澤彌覺
水漬痕當由曾經
底平無足是器有
為瑞獸環以雷文
菊辮式器中劃花
徑四寸六分口作
高七分深六分口

◎ 《珍陶萃美》（節選）

清 佚名。繪于乾隆五十年（1785年），記錄了乾隆皇帝收藏的瓷器。冊中皆為定、官、哥、鈞、龍泉窯，以及明宣德、萬曆年間的官窯瓷器物件。

从互通有无到"以茶驭番"

正如英国人所感受到的那样，在以茶叶、丝绸、瓷器为主体组成的东方贸易圈中，中国一直掌握着主动权；而且他们还了解到，中国人还善于运用一种独特的贸易制裁手段。

随着茶的传播，华夏与番夷有了更深入的往来，贸易、文化等渗透愈加频繁。不出产茶叶的边疆塞外民族，不得不进入茶叶贸易网络之中，原本互不触及根本的不同贸易圈，通过茶叶开始交织在一起。

在明代，帝国通过控制住茶叶来控制人群与疆土，把周边国家对中国物资的需求作为筹码。而茶叶所到之处，也成为中原文化的疆域，通过"以茶驭番"，打造出了一套严密的"华夷秩序"。在"以茶驭番"的政策指向下，终明一代，茶马贸易的主旋律就是官定茶价、"马贱茶贵"。迫于明初强盛的国力，牧民们对于不平等的茶马比价，只能选择隐忍。

清代的皇帝也将"以茶制夷"手段用得炉火纯青。1762年至1792年（清乾隆二十七年至乾隆五十七年），乾隆皇帝三次下令对沙俄进行贸易制裁，先后持续15年时间，外禁皮毛输入，内禁茶叶输出，使沙俄至少损失了500万卢布。而茶叶正是这其中的死穴。1828年（清道光八年），道光皇帝则在针对西北方向的贸易制裁行动中，切断了藩属国安集延的通道，其中的重点就是茶叶走私。

考虑到中国对茶叶的绝对控制权，"以茶制夷"贸易制裁对一个经济体量远不及中国的"外夷"来说，将会是致命的。事实上，早在马嘎尔尼出使中国时，就带来了几位植物学家。英国人一直以来希望能够在本土种出茶来，但他们无一例外地都失败了。

不只是水土不服，中国人也一直严格控制着茶种和制茶技术的流出。茶农会将种子用水煮过，以防止盗种。

"茶叶猎人"的造访

正是出于中国"以茶制夷"的政策导向，以及日益增长的茶叶消费需求，18世纪到19世纪初，在纬度相似、地貌气候形态丰富的印度开辟了茶园，就被英国人视为一种爱国行动。

1831年，英国军人查尔顿在印度阿萨姆发现了土产茶树，但植物标本很快就死了。3年后，他又寄了一些植物到加尔各答。英国茶叶委员会接受了他寄来的样本，并在1834年的圣诞节宣布，发现了印度本地茶种。

与此同时，英国人还加强了对中国茶树的盗窃。1836年，茶叶委员会在印度的负责人戈登从中国偷运回了一些茶苗，然后送到印度不同的地区做生长观察。就在阿萨姆，经过3年的培育，中国茶苗终于发出了适宜制成茶叶的嫩芽。

阿萨姆公司还派出苏格兰植物学家罗伯特·福钧（Robert Fortune）去中国盗窃茶种和茶苗，并偷偷学习种植方法和寻找茶工。

为了盗取茶树种子，福钧将自己的头发剃掉，化装成中国人，深入中国政府禁止外国人进入的地区。他发现，红茶和绿茶其实是由同一种茶所生产的；在多个茶产区，他得到了茶树种子；他还从中国茶农那里学到了储存、运输种子的最佳技术。1848年，福钧给英属印度总督写信："我已经弄到了大量茶种和茶苗，我希望能将其完好地送到您手中。"

1851年2月，跟随着福钧的脚步，23892株小茶树和大约17000粒发芽茶种，以及8名中国技术工人，就这样漂洋过海，来到了人声鼎沸的加尔各答，然后抵达喜马拉雅山脉南麓的一块秘境——大吉岭。这次行动，被认为是"人类史上最大的贸易秘密盗窃"。

◈ 中国古代茶农种茶的场景

◎ 茶叶种植地区

选自 18 世纪《中国自然历史绘画·外销画》。

中国"茶叶长城"的崩塌

　　随着茶园面积的扩大，制茶机器也开始诞生，印度茶园开始不断扩张。在喜马拉雅山脉北麓的中国人，对南麓密林中的变化还一无所知。

　　1878 年（清光绪四年），35 岁的江西贡生黄懋材，接到了一项来自四川总督丁宝桢的特殊任务：游历印度。从内地通往印度的行程很不顺利，直到 1879 年 3 月 26 日，中国考察团才抵达印度。6 月 5 日，一行人到了大吉岭。在这里，黄懋材看到，福钧从中国偷运出来的茶苗已经形成了巨大的规模。英国人还仿照川茶的样式，成包成砣。他从印度报纸上得知，修建通往大吉岭铁路的申请已经获得英国当局的批准——这些迹象更加坚定了他的判断：英国人想通过茶叶来攫取中国西藏。

◇ 《茶商图》

　　佚名。街头巷尾的小摊小贩卖茶、斗茶的场景。

10 年之后的 1888 年（清光绪十四年），印度茶产量达到了 8600 万磅，英国从印度进口茶叶的数量超过中国。也正是在这一年，英军悍然发动了第一次侵藏战争。清政府承认锡金归英国保护，并开放亚东为商埠。从此，印度茶长驱直入中国西藏。

在资本主义国家快速发展的背景下，中华人民共和国成立前的农业生产，无论是质量还是产量，在国际市场的竞争中都无法满足需求。特别是中国传统的优势贸易品——茶叶、丝绸等农产品逐渐失去了优势地位，对外贸易中传统农产品输出量开始急剧减少。

随着印度茶的崛起，中国茶叶贸易急转直下。1886 年（清光绪十二年），根据海关统计，中国茶叶出口达到最高峰 221 万石，以后就逐渐下降。据 1887 年（清光绪十三年）各海关的贸易报告，上海的中国茶商，经营红茶损失约 300 万两白银，经营绿茶损失约 100 万两白银。

1888 年（清光绪十四年），曾国荃在自己的奏折中报告道，近年以来，印度、日本产的茶越来越兴旺，而且价格便宜，西方商人都在争购。在此影响下，安徽产茶区只能连年减价出售，商贩、茶农因此陷入困境，朝廷在皖南的茶叶厘金也大受损失。茶价下跌后，终岁辛劳却不获一饱的茶农，生产生活更加困顿，无心照料、以次充好，使得茶叶质量更加低劣。

中国自明代以来构筑的"茶叶长城"，就此轰然倒塌。

商战：鸦片弛禁，自保还是自戕？

在还不确定印度能否种出茶叶的同时，英国人也在思忖着用其他的方式来扭转贸易赤字。

1773 年夏天的一个夜晚，第一任英印总督华伦·哈斯丁斯，正在加尔各答的剧院里欣赏着由他带到印度的莎翁戏剧《仲夏夜之梦》。哈斯丁斯侯爵品着来自中国的红茶，心里盘算着如何扭转东印度公司的赤字。

那一年，东印度公司在印度取得了鸦片贸易的独占权。也正是在那一年，英国人最终倒向了以鸦片换茶叶的政策。

早在嘉庆年间，中国就已经开始惩戒吸食鸦片者，但这一问题似乎还没有那么迫切。随着走私鸦片的船只在伶仃洋和黄埔水域上愈加活跃，清廷内部许多官员注意到，这种黑色的膏药正在吸走中国的白银。统计显示，中国对外贸易从 1827 年（清道光七年）起由白银入超正式转变为出超；19世纪 30 年代后，白银外流的数量越来越大（《中国近代经济史统计资料选辑》）。鸦片战争前的 19 世纪 30 年代，清朝每年鸦片消费约合纹银 1175万两。

鸦片走私动了帝国的钱袋子，道光皇帝不得不开始正视这一问题，摆在他面前的无非"严禁"或"弛禁"两套方案。

事实上，自鸦片走私入华激发了吸食需求以来，赫德笔下"能生产各种各样作物"的中国就已经开始种下了罂粟花。

1805 年（清嘉庆十年）后，"浙江台州、云南就有种罂粟取膏者"（《安吴四种·卷第二十六》）。尽管清政府严禁民间私自种植，但在 19 世纪 20年代末至 30 年代初，报告种植罂粟和提取鸦片的奏折已如雪片般飞往京师。

1833 年（清道光十三年），广东顺德乡绅何太青提出，"纹银易烟出洋者不可数计，必先罢例禁，听民间得自种罂粟。内产既盛，食者转利值廉，销流自广。夷至者无所得利，招亦不来，来则竟弛关禁，而厚征其税，责商必与易货，严银买罪名。不出二十年，将不禁自绝，实中国利病枢机"（梁廷枏·《夷氛闻记》）。

这一观点被时任广东按察使的许乃济和两广总督卢坤所肯定。1836 年（清道光十六年），调任太常寺少卿的许乃济，再次向道光皇帝建议，出于鸦片"利薮全归外洋"的考虑，应在"早晚两稻均无妨碍"的情况下，"准听民之便"种植鸦片。不过，道光皇帝最终采纳了林则徐等人的"严禁"主张。

林则徐的禁烟措施，让贩毒失去了获利丰厚的贸易品，而且没有其他的手段可以替代，从而让从事种植和贸易的人们"失业"。在这种论调的鼓吹下，1840 年 1 月，维多利亚女王在议会发表演说，声称中国禁烟事件使英商蒙受了巨大经济损失；2 月，英国政府任命乔治·懿律为全权代表和侵华英军总司令；4 月，英国议会以 271 票对 262 票通过了战争决议。

⊗ 《罂粟花图》

　　清 恽寿平。

⊗ 禁烟督查

　　佚名。

随着《南京条约》的签订，清政府的禁毒措施已名存实亡。一部分中国官员认为，既然外国鸦片可以输入，就应当允许农民生产鸦片，减少白银外流，便暗中鼓励农民种植罂粟。太平天国起义爆发后，给清政府带来了空前的财政和统治危机，一些地方官员甚至开始私征鸦片税，土产鸦片的生产实际上完全"弛禁"。

在一个绵延几千年"以农为本"的国度里，他们下意识中的第一应对方案，就是自己在土地里种下罂粟花。

1858 年：转折点

1858 年，即咸丰八年，这一年发生了两件事，反而成为一段历史的转折点。

在此前一年，由于"印度民族大起义"的爆发，英国议会取消了东印度公司对印度的管理权。1858 年，英国政府接手印度。这一年，印度鸦片的年收入达近 500 万英镑，占印度总收入的 1/7 以上。

1858 年 10 月，第二次鸦片战争期间，当中英双方在上海谈判时，英方提出了鸦片贸易合法化的要求，清政府没有反对。11 月 8 日，清政府钦差大臣大学士桂良、吏部尚书花沙纳，与英全权代表额尔金在上海签订《中英通商章程善后条约》，其中明确约定，允许洋药（鸦片）进口，每 100 斤纳进口税银 30 两。至此，鸦片贸易在中国由非法变为合法。

令英国鸦片贩子大跌眼镜的是，鸦片贸易合法化并没有帮到自己，反而鼓励了中国农民针对印度鸦片的竞争。此后，清政府重新颁布的鸦片章程解除了对民间的禁令，并且公开对土产鸦片征收税厘。

在 1858 年，一项调查数据显示，中国 18 个省当中已有 16 个省生产鸦片。到 1864 年（清同治三年），全国各省均有鸦片生产；1866 年（清同治五年），全国土产鸦片约有 50000 箱；1870 年（清同治九年）达到 70000 箱。

第二次鸦片战争导致印度鸦片输入中国的价格涨到了历史最高点：1861年，当年的孟加拉鸦片达到每箱 870 元，麻洼鸦片达到每箱 720 元（查顿

◎ 《太平抗倭图》

　　又名《关帝君显神图》，明朝周世隆作。描绘的是太平（今浙江温岭市）人民反抗倭寇侵略的画面。

洋行档案），此后，印度鸦片价格开始出现旷日持久的下跌走势。

曾经盛产茶叶的武夷，到处罂粟花开

与之相应的是，"茶叶猎人"福钧在 1845 年于茶乡福建省看到的一幕幕，也走向了衰弱。罂粟种植在一定程度上影响了中国近代农业的经济结构，不仅打乱了麦、稻的种植，而且影响茶等经济作物的种植。

在以盛产茶而世界闻名的福建，罂粟种植首先侵占了原茶叶种植的田亩，因为罂粟喜丰腴膏地。由于鸦片的利润远高于稻、麦，也高于茶叶，在选择种植罂粟的田亩上，茶农首选"上等田地"来种植罂粟，以保证罂粟的收成。每逢罂粟收割之时，那些原先的茶农三五成群地穿梭于山间，不分昼夜，茶园却任由其生长，无人理睬（崇安县志）；人们放弃了他们喜爱的茶叶行业，种茶被忽视了（《闽海关十年报》）。

在土产鸦片的打击下，1879 年（清光绪五年）后，印度鸦片输华数量不断萎缩。从 1858 年到 1879 年，进口鸦片数量的增长率仅为 2% 左右。1879 年后，鸦片进口数量开始逐年下降。

而在中国，到 1906 年（清光绪三十二年），国际鸦片委员会估计，中国年产鸦片为 584800 石，合 2.9 万吨，几乎占当时世界鸦片总产量的 90%。这些鸦片主要供应中国市场，甚至还出口（或走私）到国外。中国从全世界茶叶的宗主出口国，最终成为世界上最大的鸦片生产和消费国。

1919 年 1 月 17 日，上海浦东陆家嘴燃起团团浓烟，北洋政府大总统徐世昌颁令就地焚毁 1207 箱鸦片。这是鸦片在华合法贸易史中的"最后一页"。这也标志着，由英国主导的印度鸦片合法输入中国的时代结束了。此时，来自中国土产鸦片的竞争，已经使得英国获利甚微。

谁也想不到，一个大陆地时代的垂老帝国，一个海洋时代的新兴帝国，它们之间的惨烈厮杀，竟是从茶叶和罂粟这两种花木展开的。面对固守千年的"茶叶长城"崩塌，鸦片流入祸国殃民，被动全球化、对全球贸易一无所知的清政府，无力抵御殖民者的走私倾销，只能选择用中古时代的陈旧手段，修建起了一道"鸦片长城"。茶叶和鸦片贸易的此消彼长，继而推

动改变了人类文明版图的划分——东方衰落，而西方崛起。

极具讽刺意味的是，这道罪恶的"长城"，保存了清政府的统治尊严，甚至某种程度上，在中国险些彻底沦为殖民地的进程中起到了一定的支撑作用。

中国的土产鸦片的确是"胜利"了。然而，这一"胜利"，是靠全民族的自戕，以鸦片在全国范围内大规模泛滥、流毒数十年为代价的。

一粒花生见证
中国从衰弱到觉醒

花生丰富的油脂，让人唇齿留香，它是中国人煎炸烹炒不可或缺的助手，也是大人、孩子爱不释手的零嘴。但它究竟是原产于中国，还是随着地理大发现漂洋过海而来？它在中国的身世，至今仍有些扑朔迷离。

直到一个来自近代美国的花生新品种，随着第二次鸦片战争后的国门洞开，登陆中国的"儒家圣地"山东生根发芽，一个不亚于沧海桑田的巨变启动了。从甲午的炮声到五四的呐喊，从某种意义上说，花生在中国的故事，正是中华民族从衰弱到觉醒最好的注脚。

1895年（清光绪二十一年）6月21日，美国长老会来华宣教士查尔斯·罗杰斯·梅理士（Charles Rogers Mills），在中国山东登州（今烟台蓬莱）安息主怀。

就在梅理士临终前的最后几个月，日本联合舰队对登州实行炮击，隆隆巨炮的轰鸣，打破了这里持续了30年的平静时光。距离登州150公里之外，1895年2月3日，日本第二军攻占威海卫城，随后将困守在刘公孤岛的北洋舰队一网打尽。

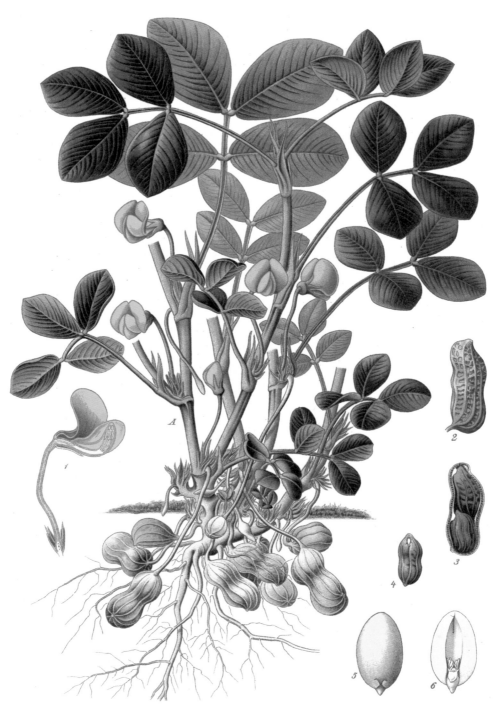

⊘ 花生

选自《科勒药用植物》。

30 多年前，梅理士把来自故乡美国的一把弗吉尼亚大花生种子送给了这里的普通农民，希望他们能改善自己的生活。而从这一刻起，这种原本延续中国农民自给自足生活方式的植物，它的枝蔓会沿着工业文明带来的港口、铁路、工厂蔓延，让中国成为世界花生第一生产国和第一出口国。

而在遥远的中国南部，梅理士牧师去世的前四天（6 月 17 日），日本首任"台湾总督"桦山资纪在台北举行"始政"仪式，正式建立在中国台湾的殖民统治。尽管台湾义勇军奋起抵抗，但无奈孤立无援。1895 年（清光绪二十一年）九月初二（10 月 20 日），在台南府沦陷的前一天，晚清台湾进士、台南筹防局统领许南英被部下护送出城。三天后，他在台南乡民的掩护下，从安平港乘竹筏，登上了去往福建的船（清·许南英·《窥园先生自订年谱》）。

随着许南英的悲愤，一起乘船飘摇北去的家人中，还包括一个只有 2 周岁的小男孩、许南英的第四子许赞堃。许多年后，这个字"地山"的男孩，会以"落华生"为笔名，踏上文学之路。

3 年之后（1898 年），日本东京。浅草寺附近的小路边，一家新的点心店开张了。这家小店独特的招牌点心，就是用花生、砂糖稀凝固在一起的おこし花生米糖。和大豆、棉花一样，花生和砂糖，在中日甲午战争落幕后，开始源源不断地被日本商人从中国土地上运送回国内。

花生，这种"使人一见就生爱慕之心"（许地山·《落花生》）的果实，就这样在一个个奇妙的历史节点上，将不同的人的命运联结在了一起。和玉米、番薯、土豆这些外来者相比，花生的身上则纠缠了更为复杂的滋味：

梅理士的到来仿佛是一个起点，那时中国正在一步步走向史无前例的衰弱。他和其他宣教士带来的花生，见证着曾经处于自然农业经济蒙昧中的中国，如何被迫卷入世界贸易的惊涛骇浪中；也将会为中华民族从屈辱和压榨中一步步走向觉醒，留下一个生动的注脚。

从新大陆到儒家圣地

"消失"的中国"花生"

1958年3月，位于浙江省湖州市城南的潞村古村落，钱山漾原始社会遗址的下层底部，两粒高度形似花生的种子重见天日。两颗种子已经完全碳化，其中一颗种皮已脱落，两片子叶裂开；另一颗还残留着一小部分灰白色的种皮。

此后不久的1961年，在江西修水县山背地区原始社会遗址中，又出土了4粒完全碳化的花生种子。经过测定，这两处花生种子遗物距今4700~4800年。

尽管参与钱山漾遗址发掘研究的专家们据此推断，中国在数千年前就开始种植花生，但他们仍以严谨的态度在报告中写道："但花生栽培历史，古籍中很少记载。"（《吴兴钱山漾遗址第一、二次发掘报告》）在中国的历史纪年，以及历代层出不穷的农书中，令人唇齿留香的花生，竟仿佛一个"小透明"，一直游离在文字记载之外。直到明清时期，花生才为中国人所熟知，长生果、落地参、番豆、地豆、万寿果、落花生等各种别称，亦开始出现在文字记载中。

这个时间上的呼应也让大多数人相信，中国栽培的花生，是由地理大发现后传来的。栽培花生的起源中心地，公认位于南美洲玻利维亚南部、阿根廷西北部和安第斯山麓的拉波拉塔河流域。花生属的绝大多数植物分布在这里，在4000多年前自然杂交而产生了花生的祖先。在这个多风少雨的半干旱地区，为了保持水分，它们选择钻入地下的沙土中结出荚果。而在发现花生种子遗物的中国浙江和江西，在新石器晚期却是水资源丰富，并且至今没有找到栽培花生的野生祖本。

直到1503年（明弘治十六年），中国的地方志中才第一次记载了"花落在地，子生土中，霜后煮食，味甚香美"的落花生（明·《常熟县志》）。

◎ 《万亩登丰图》卷（节选）

清 董诰。

这种栽培花生中最古老的类型，即龙生型小粒花生，由于对自然环境有极强的适应力，并且根瘤有着固氮作用，有助于恢复地力，对于擅长精耕细作、以求穷尽地力的中国农民来说，自然也应该在他们复杂的作物搭配中占有一席之地。

不过，直到19世纪初期，中国农民种出的花生依然是古老的品种。这种花生就像在玻利维亚高原南部的祖先一样，为了不被风吹倒，它们的茎蔓匍匐于地面生长，荚果入土较深而且分散，无论是种子储藏和播种，还是栽培管理和收获，大规模种植都会费时费工，虽然含油量高但产量有限。也正因此，龙生型小粒花生尽管传播甚广，但在中国农民的大田作物中，它们始终处于一个从属的地位。

直到 19 世纪中后期，另一种"洋花生"品种随着"洋人"来到中国。

"洋人"带来了"洋花生"

1862 年（清同治元年）的春天，正值湘军和太平军在江南战区僵持。四月，上海爆发了严重的流行病，老百姓将这种病称为"吊脚痧"或者"子午痧"，每天因病去世的人数以千计（清·王士雄·《霍乱论》）。紧接着，上海城郊的外国驻军兵营也发现了疫情。随着军事行动和难民带来的扩散，上海周边的苏州、常熟、太仓、嘉兴等地也爆发了疫情。这来势汹汹的疫情，正是第四次世界性霍乱大流行。

在这一片恐怖和悲伤的阴云笼罩下，美国长老会宣教士梅理士牧师，离开了工作定居了 5 年的上海，携家眷前往山东登州。

自 1860 年第二次鸦片战争后，包括登州在内的 11 地成为被迫开放的通商口岸。根据丧权辱国的《天津条约》约定，外籍传教士可以入内地游历、通商、自由传教。而梅理士此行，正是带了传教的目的。然而不幸的是，梅理士夫妇的孩子已经在上海被传染，并且病死在途中。6 月 8 日，失去了孩子的梅理士抵达登州。但是，在登州工作的日子里，梅理士却将另一个希望的种子带到了这里。

这时的中国，外有列强侵略、内有太平天国起义。为了更好地开展工作，宣教士们总结了一些经验，那就是推广各种新的农作物品种或者办学，帮助贫穷困顿的中国农民增加收入，提高知识和生活水平，这样就会有更多的人愿意聆听他们。

在山东烟台地区，梅理士将来自故乡美国的大约半市斤花生种，交给了结识的中国农民，让他们试着栽种（美国·奚尔恩·《在山东前线》）。和农民们之前所栽种的龙生型小花生不同，这种花生是直立的大粒型，适应性更强，虽含油量稍逊，但产量非常高，更易于栽培和收获。从 19 世纪 40 年代开始，大花生就开始在美国弗吉尼亚州和北卡罗来纳州栽培。

在通过兴农和办学来传教的经验指导下，美国长老会的众多宣教士都和梅理士一样，和山东农民在田间地头打着交道。在不同的记载中，主持创办了中国历史上第一所教会大学的狄考文、提出"自养"模式并嫁接出著名的"香蕉苹果"的倪维思（John Livingstone Nevius）等宣教士，都有可能在传教的工作中，将美国弗吉尼亚大花生种分给不同的山东农民来栽种。

这些美国人一定不会想到，他们给"儒家圣地"山东带来的这颗种子，会给这里的土地和农民带来不亚于沧海桑田的变化。在不久的将来，他们将被卷入世界贸易的惊涛骇浪中。以第二次鸦片战争为起点，中国正在一步步走向史无前例的衰弱，而美国宣教士带来的花生将会亦步亦趋地见证，中华民族如何从屈辱的压榨中一步步走向觉醒。

铁蹄下的繁荣

一个德国人的"中国梦"

1886 年（清光绪十二年），46 岁的德国人奥托·盎斯（Otto Ferdinand Fritz Anz），怀揣着 3 万两白银的资本，来到了烟台最负盛名、也是外国商号最为集中的"卡皮莱街"（今烟台朝阳街）。来自世界各国的商人们在街上三三两两地踱步，而中国小商贩们在街头奔走，希望洋人太太们成为他们手中鲜花的主顾。

9 年之前，盎斯在经过对中国市场的详尽考察后，怀着一个发财的美梦，带着全家人来到了烟台，并和他的德国伙伴哈根共同出资，开办了烟台缫丝局。这是山东省第一家机器缫丝厂，也是中国第一家专缫柞蚕丝的近代机器工厂。

然而，此时正是洋务运动走向高潮的时点，在李鸿章、盛宣怀的直接干预下，陷入经营困境的盎斯，不得不将缫丝局所剩的 40% 股份转让给盛宣怀。拿着股份转让得来的巨资，盎斯在"卡皮莱街"北端的东面，以自己的名字为名开办了一家洋行，经营西药、医疗器械以及各种烟台手工业产品的进出口业务。

◎ 缫丝机器

清 沈秉成。选自《蚕桑辑要·杂说》卷图。

　　正是在烟台经手各种进出口贸易的同时，盎斯洋行也注意到了当地出产的花生，并且成为近代烟台第一家从事花生出口的外国洋行。

　　根据记载，1890 年（清光绪十六年），山东省出口花生 30 余万公斤；1891 年，花生出口量增加到 375 万公斤，这是山东花生成批出口的开始。其中，1891 年山东烟台海关出口大花生果 2250 石。此后，山东花生的出口量逐年增长。

德国人盎斯的发财梦，正代表了此时无数"洋人"的想法。时间走到19世纪后期，主要资本主义国家已经完成了向帝国主义阶段的转变，区区打开几个通商口岸、迫使中国开放贸易，早已无法满足他们的欲望，向中国腹地市场倾销商品、攫取生产原料、通过开办工厂向中国内陆输出资本，成了更符合"商业趋势"的选择。

这其中最急不可耐的，就是帝国主义国家中的后起之秀日本和德国，而山东半岛早已落入他们的盘算之内。

原地起飞的花生出口

1895 年（清光绪二十一年）4 月 17 日，面对伊藤博文"但有允、不允两句话而已"的威胁，李鸿章只能在《马关条约》上签下了自己的名字。除了割地、赔款和新开通商口岸之外，《马关条约》第六款还特别约定，日本人能够在中国口岸和内地投资办厂。相比辽东半岛，山东半岛在海路上离日本更近，加上日本直接从甲午战争中获益，日本国内的商品和资本在战后以极快的速度涌入了山东。

出于对原料资源的需求，山东最早开埠的烟台，出口贸易在战后也急剧增长。其中，以花生和花生油为代表的山东土货的规模也逐渐扩大。山东花生的出口目的地市场，除了中国香港和俄国海参崴之外，最重要的就是日本。

开埠的烟台属于船只往来天津与上海的贸易中转站，此时，山东花生出口还要转运上海。根据海关资料记载，1881 年至 1890 年，上海口岸转运的花生，平均每年为 1.9 万多石；而在 1891 年至 1900 年，这个数字跃升到18 万石以上，增长了近 10 倍。

1894 年（清光绪二十年）之前，中国海关贸易中，丝、茶是当仁不让的主力出口商品，而植物油只是微不足道的一个杂项，出口货值还不到总货值的 0.1%。就在甲午战争爆发的这一年，仅中国花生油的出口值就突然跃升到了出口总值的 0.32%。到 1898 年（清光绪二十四年），包括花生油在内的植物油商品，已跃居中国出口贸易商品的第七位。也是这一年，英国驻烟台领事在发回国内的商业报告中写道："在整个北部中国，花生和花生油的出口越来越重要。"

对于山东花生来说，此时的繁荣还仅仅是一个开始。随着"吸取"中国骨髓的管道逐渐向内陆地区延伸，它将会成为这个省份最有代表性的出口土货。

深入腹地的"花生运输线"

时间回到 1894 年 9 月下旬。一度燃烧沸腾的黄海海面尚未平息，清政府就已开始着手准备请列强居中调停中日战争。尽管这场战事在中国和日本这两个亚洲国家之间展开，但那些新老帝国列强们，就如闻到了血腥味的鲨鱼一般，早已按捺不住内心的兴奋。对旧有殖民地进行再分割的需求，让喘息了 30 多年的中国，再次成为摆在列强们砧板上的一块肥肉。

借着为清政府共同调停的名义，英国、美国、俄国、德国各有打算，特别是在抢占海外殖民地进程中落后一步的德国，更是在软弱的清政府身上看到了机会。1895 年 3 月，在清军从辽河东岸全线溃退的局势下，德国人意识到应当参与干涉中日战争，并借机向中国提出土地要求。

正如益斯这样的普通商人会进行市场调查一样，在此之前，德国人早已经通过全面的勘察，了解到山东有着丰富的自然资源和劳动力，于是将目标对准了胶州湾。

就在《马关条约》签订 6 天后，俄、法、德三国联手，对日本占领辽东半岛进行干涉，日本向中国勒索了 3000 万两白银"赎辽费"后悻悻离去。1895 年底，以"三国干涉还辽"有功自居的德国，正式向中国提出了割让一个海军基地的要求。

在遭到中国多次拒绝后，1897 年 11 月 13 日，借口两个德国传教士在山东巨野被刺（巨野教案），德国东亚舰队军舰驶抵胶州湾。第二天清晨，700 多名德军在落潮时分登陆前海栈桥，清军不战而退。

1898 年 3 月 6 日，德国迫使中国签订《胶澳租借条约》，同时得到了在山东省内经营铁路和开采矿产的特殊权利。在取得了优良的青岛港后，

1904年（清光绪三十年）6月，山东省第一条铁路胶济铁路全线通车，使胶澳的商业地位日益突出，而且打通了山东沿海、内陆与海外市场。

1908年（清光绪三十四年），在德国商人的经营下，山东花生跃出远东市场，第一次直接出口到了欧洲市场，从此出口量直线上升。从1908年到1911年（清宣统三年），花生输出量从9.5万石上升到79.7万石。

而国际市场需求的扩大，更刺激了山东农民扩种花生的积极性。在邹县，早些年还鲜有人种花生，而到了光绪末年，只要是沙土地区，到处种满了花生，每年都能出产数十万斤，洋庄收购后，农家获利骤增（清·《光绪邹县志》）；而在胶东安邱，自青岛通商以来，花生也成为出洋的大宗商品（民国·《续安丘新志》）。

在山东大地上，每逢花生上市的季节，总是一片繁忙而有条不紊的景象：农民们会把收获的花生就近运到集市卖给花生商行；随后再由花生商行转运到中级市场，卖给出口商；出口商们将花生集中到青岛、烟台等港口终点市场出口。山东成为中国花生产量与出口量最大的省份。根据估计，清末山东花生种植面积为180万亩，占全省耕地总数的1.5%，仅次于棉花，成为第二大经济作物；山东花生总产量为450万石，其中一半左右供出口。

这些从山东各地收购的花生，随着胶济铁路带来的交通条件的提升，以及青岛港港口建设完善，从四面八方汇集到了青岛。青岛也逐渐取代烟台，成为山东第一大贸易口岸。在德国人打造"样板殖民地"的努力下，繁荣发达的青岛被往来的外国商人称为"东方瑞士"。

正是在德国海军士兵登陆的那一年（1897年），一个13岁的山东掖县（今山东莱州）珍珠村的少年宋雨亭来到胶澳上学，毕业后，他到自家四叔的"瑞记"商号习商。为了能和满街的"洋人"更好地做生意，这个少年还刻苦攻读德语和英语。目睹国土沦丧，少年的心底悄悄埋下了名为"民族气节"的种子。许多年以后，他心底的这粒种子也将和花生发生交集。

洋行店员，还是商业间谍？

眼看着德国人在青岛和山东腹地经营得风生水起，同在上升势头中的

⌃ **两位铁路管理人员坐照**

选自《京张路工撮影》上卷。上海同生摄影馆摄影。

◇ 三堡 32 号斜桥适过火车景

选自《京张路工摄影》上卷。上海同生摄影馆摄影。

日本又怎会善罢甘休。如果说 1905 年爆发的日俄战争是一场在中国土地上的"权力游戏",那么,在中国的青岛,日本和德国之间也在进行着一场暗地里的贸易角力。

1900 年(清光绪二十六年),日本最大的财团三井洋行后备干部上仲尚明,被公司派往上海留学。1907 年(清光绪三十三年),上仲尚明来到青岛,参与青岛营业所的筹办工作。工作之余,他在这座自由港内四处观察,从地理、行政、卫生、交通、教育等方面记录下了这座德国人掌控下的城市。就在他完成《胶州湾洋志》初稿的 1909 年,三井洋行正式在青岛设立了营业所。

相比欧美洋行,日本洋行从一开始就将触角伸向了贸易链的末梢。在德国人眼皮底下,三井洋行以青岛为据点,深入山东腹地胶州、高密、潍县等重要市镇,直接开设收购点,收购当地的花生、棉花等土货,并逐步将花生贸易划入日商的"贸易势力范围"。

日本洋行的船队接踵而至,在青岛港对日出口贸易中,农产品始终居于首要地位。其中,花生、花生油、花生粕是居于首位的农产品货品,又以花生和花生仁的出口量和价值最高。

在日本洋行的推动下,青岛日货的销售,以及土货的收购和出口贸易额不断攀升。事实上,在被日本人在军事上击败之前,德国人在青岛的贸易上已经输掉了。从 1912 年开始,日本与青岛港的贸易额连续 3 年超过德国,跃居第一位。

那些分布在贸易链条末端的日本洋行工作人员,也像上仲尚明一样,一边从事着日常的贸易业务,另一边暗暗地观察着这片土地上的一草一木、一举一动,静静地等待一个时机。

1914 年 6 月 28 日,萨拉热窝的一声枪响,终于让新老帝国之间撕下了最后的文明伪装。在远东地区,尽管袁世凯北洋政府颁布规则,禁止参战国在中国领土上交战,但已经对青岛虎视眈眈多年的日本,悍然在中国的领土上对德宣战了。9 月 18 日,日军在崂山登陆,向德国驻军发动进攻。上仲尚明决定将他在青岛的记录结集为《胶州湾详志》出版,在仓促写就的序言末尾，他怀着有些激动的心情写下了一行字："青岛攻围军第一总攻当日作序。"

觉醒与抗争

掠夺下萌发的种子

1914 年 11 月 14 日，日本发布占领青岛宣言，宣布德国在青岛的一切权益被日本获取，自此开始了日本对青岛的殖民统治。当第一次世界大战还在如火如荼地进行、列强无暇东顾、青岛港与欧美国家的贸易中断时，日本完全垄断了青岛港的对外贸易。

随着德国势力退出青岛，日本洋行跟随着三井洋行的脚步，蜂拥进入青岛。这些日商不只是垄断了花生的出口贸易，还将触手伸向了花生产品加工。在德占时期，日商只是在山东铁路沿线收购当地榨油作坊生产的花生油；占据青岛后，从 1915 年起，三井、汤浅、东洋制油等日商相继在青岛投资开办了 20 多家精制油工厂，并在青岛成立联合油业组织，收购山东的花生油和大豆油，在青岛进行精炼后，直接出口海外获利。

和东北地区不同的是，山东的大豆和大豆制品大多在当地消耗了，而山东的花生种植则是以出口为主要目的。数据显示，从 1917 年到 1920 年，青岛对日出口的花生数量足足增长了 4 倍，达到了近 64 万石，收购加工后再出口的花生油，更是达到近 100 万石。

也是在这时，随着第一次世界大战的继续，人力资源已经动员到极限的协约国阵营在中国招募 14 万名华工，"以工代兵"投入欧洲战场，从事运送弹药物资、修筑工事、填埋战线等工作，甚至在前线承受着重炮和机枪的威胁。这些老实巴交、身体强壮、遵守纪律的华工，绝大多数是来自山东的穷苦农民。

就和他们故乡埋在土里的花生一样，华工们被拘束在华工营之内，手腕上箍着带有编号的铜圈，承受着粗暴的对待，却依旧默默地付出他们的

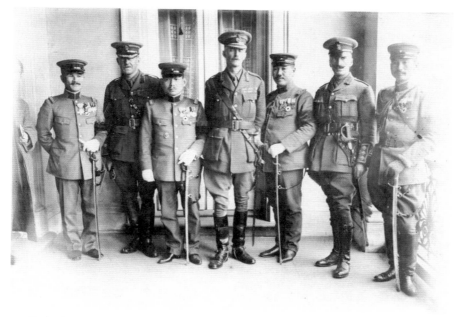

◈ 英国军官和日本军官

　　佚名。1914 年前后，"协约国"成员英国军官和日本军官在青岛攻打德国海军基地时的合影。

◈ 青岛栈桥

　　佚名。民国时期日本占领下的栈桥。

劳动。他们为了许诺中的丰厚报酬而来，但绝大多数人并不知道战争因何而起，也不知道中国为什么要加入强盗之间的争夺。

但是，这种困惑也在一些人心中留下了思考的种子。随着身不由己卷入世界市场乃至世界战场，越来越多的中国人，从起初的无知茫然和诧异惊恐中开始觉醒过来。

胶州亡矣！山东亡矣！

在全世界范围互相搏杀 4 年之后，欧洲列强们终于流干了血液。1919年 1 月 18 日，战胜国在巴黎的谈判桌前，开始商讨战后的世界秩序。在英、法、美等国的操纵下，和会准备同意，将德国在胶州湾的租借地、胶济铁路以及德国在山东的其他特殊权益无条件地让与日本。

得知这一消息后，中国人积压了 20 年的愤怒像火山一样爆发了。4 月20 日，山东各界万余人在济南召开国民请愿大会；5 月 2 日，济南 3000 余名工人召开收回青岛演讲大会；同一天，林徽因的父亲林长民在《晨报》

◎ 1919 年五四运动学生游行

西德尼·戴维·甘博摄。

⊗ 学生在天安门广场上的示威游行

佚名。1919 年 11 月。

⊗ 许地山

名赞堃，字地山，笔名落华生或落花生，许地山是
中国现代著名小说家、散文家，也是五四运动时期
新文学运动的先驱者之一。

社论中疾呼："胶州亡矣！山东亡矣！国不国矣！"（林长民·《外交警报敬告国民》）

此时，当年那个随父亲从台湾撤离，并定居于福建漳州的男孩许地山，已经是燕京大学文学院的一名学生。巴黎传来的消息，让年幼时故乡就沦陷于日本的他格外愤怒。5月3日晚，26岁的许地山，作为北平市学生代表之一，参加了由北大、清华、燕京等校学生组成的代表联席会。这一夜，无人入眠。

第二天，北平3000余名学生高呼"还我青岛""取消二十一条""外争主权，内除国贼"等口号，冲破反动军警的阻挠，举行抗议集会。在那一天激愤的人群中，晚清诗人周大烈18岁的女儿、后来成为许地山夫人的周俟松，看到了登台演讲、手持标语旗，和同学们一起冲向东交民巷的许地山。

正如许地山在1922年写下的那篇小小短文里回忆的那样，父亲许南英以落花生为"课本"，教导孩子们要做一个"有用的人"，并以"落华生"为笔名的许地山，在余生致力于文学创作的同时，面对日本步步紧逼的侵略步伐，从未忘记过以笔为枪，为抗日救国事业奔走呼号，直到1941年因劳累过度而病逝。

围绕花生的抗争

在无数国人的巨大压力下，北洋政府外交代表团最终拒绝了在《凡尔赛和约》上签字。到1922年，中日之间签订关于"山东悬案"的一系列条约，名义上收回了山东主权。

然而，在青岛和山东投资经营多年的日本，又怎么甘心就此前功尽弃。日本在青岛依然保留了一系列"特殊权益"，在方方面面都给将来的中日关系埋下了错综复杂的"定时炸弹"，并企图借此重新进行在华的扩张。

就在中日关于"山东悬案"的一系列条约签订期间，驻青岛日本当局不早不晚地下达了一份命令，将在其支持下开设的"青岛取引所"改为商办性质，避开了归还交接。

早在日本占领青岛时期，日商在垄断了花生贸易、花生油精炼等领域后，还企图将围绕花生的现、期货交易"一网打尽"。由于早期的自发交易市场由华商主导，1920 年 9 月，在驻青岛日本当局的支持下，"青岛取引所信托株式会社"正式营业。其中，"取引所物产部"最主要的交易物产，即是花生米、花生粗油以及棉花。

作为青岛金融命脉枢纽、中日之间的遗留问题之一，日方以青岛"取引所"为落脚点，在青岛的资本重新恢复了扩张。尽管"取引所"名义上为中日双方合办，但实际控制权仍在日方手中，并想方设法地压榨华商。在整个 20 世纪 20 年代，这种矛盾持续升级，并最终因为花生而爆发了冲突。

1931 年 5 月，位于馆陶路 22 号的青岛"取引所"大楼内，在青日本商行真昇号，挂牌七月期花生米 1100 吨，定价为每百斤 9 元。很快，七月期花生米交易市价涨到每百斤 10.3 元。担忧价格持续上涨的日商，在市场中以每百斤 9.2 元价格卖七月期花生米。但华商们与其交易后，却始终不肯出具订单，双方的争执很快就发展到了拳脚冲突。早已不满这种不公平竞争的华商，下定决心要另谋出路。

1931 年 6 月 21 日、22 日连续两天，正值中日关系阴云密布的关头。在青岛的日本商人被覆盖华北地区的《华北日报》上的新闻震惊了，报道公开指责日商"不顾信用，一味刁赖"；随后，报道将批评矛头直接指向了青岛"取引所"，称它"黑幕种种"在揭露日本对华经济侵略政策的同时，报道还公开透露，华商已无发展之望，准备联合一致，另设一交易机关。而且，文内还用激动的笔触写道："可制其（指青岛'取引所'）死命。"

惊恐的在青日本政商两界，顿时想到了一个中国商人——宋雨亭。

那个当年来到青岛学商、能用英语和德语谈生意的掖县少年，如今已经在青岛工商界崭露头角，成为青岛市总商会会长。1931 年 7 月，在时任青岛市长沈鸿烈的暗中支持下，由宋雨亭领衔，21 家青岛华商共同发起、着手筹办青岛市物品证券交易所。

为了阻挠华商另立交易场所，日方一方面恐吓青岛市政府；另一方面暗地唆使日本浪人，一再袭击青岛市物品证券交易所的各华商代表。对于宋雨亭，日方更是四处散布称："交易所朝成，宋雨亭必暮毙。"

在这样的重重压力和死亡威胁下，9月19日，也就是九一八事变发生的第二天上午10点，青岛华商们齐集馆陶路齐燕会馆，青岛市物品证券交易所先期举行了开幕典礼。其中，花生油和花生仁占据了交易所三个土产部门中的两个。而宋雨亭本人也成了日本官商的眼中钉、肉中刺。

1938年，侵华日军占领青岛后，将华商的交易所强行并入青岛"取引所"，还特地将宋雨亭的财产全部查封，并妄图胁迫他出任维持会会长。在日军的步步紧逼下，宋雨亭悄然逃往上海，终留一身清白。

尾　章

与其他中国土地上出产的农作物有所不同，花生在中国的身世并没有太多田园牧歌的美好。从美国宣教士给山东带来大花生开始，它的命运就与侵略紧紧地捆绑在了一起。

梁启超曾说："吾国四千年大梦之唤醒，实自甲午战争败割台湾，偿二百兆始。"从甲午战后门户洞开时，花生对外出口开始起步；到德国租借青岛并将山东划为其势力范围后，花生出口贸易一飞而起；再到日本取代德国对青岛进行殖民统治之时，山东花生已经完完全全沦为了这样一种存在：

花生是帝国主义从中国掠夺的重要农产品原料，也是帝国主义向中国输出资本的绝佳领域之一；世界市场的需求，让山东农民几乎完全是为了出口而种植花生；在花生的种植面积急剧扩大的同时，山东的小麦、大豆、玉米、高粱等作物种植面积没有明显增长，甚至是下降了（这种影响也来自棉花）；资本入侵下高度商品化的农业种植，让原来的自然农业经济完全解体了。

在花生的指引下，殖民者建起港口、铁路、工厂和商行，抽走中国身体里的"血液"和"骨髓";花生见证着曾经蒙昧的中国如何被迫卷入世界贸易的惊涛骇浪,也见证着这个民族如何坠入历史的谷底、陷入半殖民地半封建社会的衰弱。

也正是在这样的屈辱和困惑中,不管是学子、商人还是劳工,一颗民族觉醒的种子在他们的心底萌芽了。100多年前那个五月早晨迸发出的山呼海啸,也成为实现中华民族伟大复兴中国梦的历史起点。

蔗糖：引发的『人间海伦』『世界大战』

从地球上的单细胞生物开始，糖就是生命"燃料"的最主要来源。自然选择使人类的祖先进化出喜好甜食的习惯，甜味带给人奇妙的味觉体验和愉悦感受，并且驱使着人探索、交流炼糖技术。

甘蔗，毋庸置疑曾是全球最为重要的糖料作物。由甘蔗提炼出的蔗糖，就像一位拥有诱人身姿、浑身散发着香甜气息的妙龄少女。不幸的是，她却像希腊神话中引发了特洛伊战争的海伦一样，让全世界为之倾倒、沸腾的同时，也引来了凶残的占有欲。假越来越嗜糖的人类之手，在地球的热带及亚热带地区，糖摧毁原住民的家园，扩张着自己的领地，发动了一场又一场血腥、残酷的冲突和战争，让人类为之流血、奴役和被奴役。

647年（唐贞观二十一年），大唐右卫率府长史王玄策，作为国家使团的正使，和副使蒋师仁，带领着一小队30余骑人马，经拉萨道，踏上了西去天竺的访问之路。

这一路的行程大约5个月。同年底，大唐使团到达摩伽陀国，当地却发生了一场政变：国王尸罗逸多去世，新即位的国王西拉迪提亚被杀，大

蔗甘

果之草

甘蔗 無毒 叢生

⊚ 甘蔗

　选自《中国自然历史绘画·本草集》。

臣阿罗那顺篡位自立，改国名为那伏帝国。随后，阿罗那顺派出2000人的军队，在半路伏击了使团，王玄策、蒋师仁等人被俘，所携带的各国朝贡礼物也被劫走。

王玄策、蒋师仁寻机逃脱后，檄召邻国之兵，向吐蕃借兵1200人，向泥婆罗借兵7000人，一路攻进那伏帝国，俘虏阿罗那顺，于648年（唐贞观二十二年）五月班师长安，献俘于皇帝宫阙之前（《旧唐书·天竺传》）。

"你如果不是劫了我的使者，怎么会成为阶下之囚呢？"唐太宗李世民对阿罗那顺无比失望，因为他派出王玄策使团的初衷是无比友好的，其中一个重要目的就是向印度学习甘蔗制糖之法。

这场发生在南亚次大陆、由于意外引起的局部冲突，仿佛是一个预告。此后千年，蔗糖将会加紧它的扩张步伐，甚至不惜假人类之手，发动一场又一场战争：黑奴贸易、殖民战争、加勒比海盗、欧洲七年战争、美国独立战争、日本倒幕运动，乃至中日甲午战争……从15世纪末到20世纪初，在长达500年的时间里，它的势力将占领一个又一个岛屿，并且掌握着驱使人类命运的力量。

从田园牧歌到黑奴血泪

皇帝派人去西天，其实是想吃糖

就在王玄策此次出使的半年前，这一年的三月，唐太宗李世民下令，对外国赠送的各种奇花异果、珍惜草木等，进行记录和整理。这其中，西域天竺所赠的"石蜜"，引起了皇帝的注意（宋·王钦若等·《册府元龟》）。

"石蜜"，指固体蔗糖块，将甘蔗榨出甘蔗汁晒成糖浆，再用火煎煮，就成为蔗糖块。印度自古就生产甘蔗，公元前5世纪，印度人发明了制作蔗糖的工艺，是世界蔗糖的发源地。尽管甘蔗自周代就已经传入中国种植，但在很长的时间里，蔗浆只供饮用。上古时代的中国甜食，主要是枣、栗、饴、蜜4种，饴就是各种粮食经过发酵糖化形成的食物，俗称麦芽糖。

自汉代起，随着"丝绸之路"打通，西域商人就用印度砂糖、"石蜜"在中国凉州换取丝绸。自汉到唐数百年间，尽管中国已经开始逐渐利用甘蔗生产砂糖，但当时生产的砂糖含水分较多，在气候较暖或是接触空气中水分时就要融化。而西域进口的砂糖和"石蜜"，则能长时间保持干燥，流通、贸易、食用都非常方便，因此，"中国贵之"（宋·王溥·《唐会要》）。

两晋南北朝时期，印度能够用甘蔗汁制"石蜜"的信息，也通过两国之间的文化交流陆续传到中国。从西域归来、刚和弟子完成《大唐西域记》的高僧玄奘，也证实了这个消息。

玄奘的洛州同乡王玄策此次出使天竺，正是带着"引入印度制糖法、并在中国推广"的使命。从那场冲突中班师的王玄策，除了带回篡位者之外，还带回了制作"石蜜"的技术。很快，位于扬州罗城的制糖坊，得到了来自中央的命令，取甘蔗汁试制"石蜜"，结果大获成功，不管是色泽还是味道，都超过了西域的进口"石蜜"（宋·王溥·《唐会要》）。

一场小小的局部冲突，还改变不了农业时代的睦邻相处。此后数百年间，包括中国和印度在内，亚洲民族一直在互相学习和提高制糖术，希望令其展现出更诱人的姿态。13世纪，马可·波罗在中国泉州旅行时，曾目睹巴比伦人教中国人用草木灰精炼蔗糖，恐怕是东方民族制糖交流最后的田园牧歌景象。

大航海的脚步始于寻找甘蔗园

在向西的地方，7世纪开始，阿拉伯人逐步把蔗糖传入地中海沿岸。热那亚、佛罗伦萨、威尼斯人在从事香料贸易的同时，也参与到了东西方的蔗糖贸易中。在欧洲，最初到来的蔗糖和来自遥远亚洲的香料一样极为贵重，仅仅在权贵阶层和上流社会中流传。一直到黑死病大流行的14世纪，珍贵的蔗糖甚至还被当作药品用来治病。

甜蜜的诱惑让欧洲人也试着在自己的土地上种植甘蔗，塞浦路斯、西西里岛，这些温暖的地方开始有了甘蔗种植园。但在高纬度的欧洲，能种出甘蔗的地方实在是太少了。蔗糖对于欧洲人来说，和亚洲的香料一样，都是氪金大户。

到了 15 世纪，一个新的时代来临了。随着航海技术的发展，欧洲人漂洋过海，到各地探险，寻找新世界。在这一过程中，任何"有用的植物"，都会被欧洲人带回本土，或者移植到气候、土壤条件适宜，劳动力相对充足的地方。

正如昂贵的蔗糖，催促着欧洲人迫切地探寻着可能的贸易路线，也急迫地希望找到深厚、疏松、肥沃，能够大量种植甘蔗的新土地。

15 世纪中期，葡萄牙人发现，靠近直布罗陀海峡的马德拉群岛（对，就是著名球星克里斯蒂亚诺·罗纳尔多的故乡）气候条件适宜，于是，这里成为一个新的甘蔗种植地。紧接着，西班牙人在马德拉附近的加那利群岛，引进了甘蔗和蔗糖业。随着欧洲船队航路的延伸，沿大西洋东岸一路向南，一个个未被开垦过的群岛逐渐变成了甘蔗园。

1493 年 9 月 25 日，发现了美洲的哥伦布，在西班牙国王的资助下，率领 17 艘舰船，从加的斯港启航，第二次前往美洲。这支负有殖民使命的舰队，船舱里就装着甘蔗种苗。11 月 3 日，星期天，他们发现了多米尼加岛。很快，甘蔗园就如雨后春笋般，在加勒比海的群岛上迅速增加。

1500 年，葡萄牙人在新大陆沿海岸线探索的路上，发现了一片向大陆内侧凹陷的海湾，他们在这里登陆并建立起了萨尔瓦多（今巴西）。1531 年，甘蔗苗第一次被带到萨尔瓦多。到 1600 年前后，以萨尔瓦多为中心的巴西，拥有近 200 台榨糖机，支配了西方世界的蔗糖生产，每年向欧洲输送 4500 万磅蔗糖，成为大西洋世界的糖业中心。

1558 年，第一批非洲奴隶由葡萄牙人带到萨尔瓦多，而他们从事的最重要的工作，就是在种植园里种植甘蔗和生产蔗糖。在欧洲、非洲、美洲的三角通道上，由葡萄牙人肇始、欧洲各大殖民帝国参与、被英国人推向高潮的"黑奴贸易"，先后持续长达 300 余年。

不管是在巴西，还是整个加勒比海地区，都密密麻麻地种着甘蔗，在所有被出卖的黑奴里，60% 左右在生产蔗糖的殖民地落脚。特立尼达和多巴哥的首任首相埃里克·威廉斯曾感叹道："哪里有蔗糖，哪里就有奴隶！"

从此刻开始，蔗糖，就像一位拥有诱人身姿、浑身散发着香甜气息的妙龄少女走出闺阁，然而不幸的是，它却像希腊神话中的海伦一样，让全世界为之倾倒、沸腾的同时，也引来了凶残的占有欲。

蔗糖战争

当西班牙运糖船遇到加勒比海盗

殖民地生产的蔗糖等大宗商品，逐渐成为欧洲几大宗主国的重要收入来源，从互相劫掠新大陆出产的财富，到争夺世界贸易和殖民地的控制权，种种纷争随之而起，且愈演愈烈。

战事最初是由闻名遐迩的加勒比海盗挑起的。

英法等国在西半球的殖民活动中落后一步，见西班牙人在美洲赚得盆满钵满，早就眼红不已。1522 年，在法国国王的授意下，6 艘法国海盗船在亚速尔群岛打劫了从美洲返回的西班牙商船，将 2 船珠宝、1 船蔗糖尽数运回法国。按当时的惯例，这种行为就属于合法的战争行为。法国海盗从此不断向加勒比海渗透。

在最重要的蔗糖产地巴西，法国人则在 1555 年及 1612 年入侵里约热内卢及圣路易两地，这两处也是蔗糖贸易的重要港口。

西班牙人起初联合英国来遏制法国，但 1558 年伊丽莎白一世即位，接下来的 15 年里，英格兰每年有 100 艘到 200 艘私掠舰出现。英国和西班牙开战期间，英国的海盗从西班牙船只上抢走了十几万英镑的蔗糖（当时英国的财富总额是 1700 万英镑）。靠这种劫掠迅速崛起的英国海上力量，在 1588 年英西战争期间击败了西班牙无敌舰队。

此后，在加勒比海域，英国和法国不断对西班牙的领地进行蚕食和瓜分，分别建立了各自的西印度群岛殖民属地。1624 年，加勒比的巴巴多斯成为英国的殖民地。到 1640 年 3 月，英国殖民者在这里试种的第一批甘蔗获得丰收，被加工做成糖浆后贩运回欧洲。种满了甘蔗的巴巴多斯，后来

◎ 蒸馏的发明

美国纽约大都会艺术博物馆的版画。

被称为"英国女王桂冠上最明亮的宝石",而在巴巴多斯种植甘蔗的英国庄园主德拉克斯,甚至因此获得了男爵头衔。

随着糖的种植业和制造业快速发展起来,蔗糖糖浆在这里变得十分廉价,其中一部分则经过煮沸、发酵、提炼和蒸馏,酿造成酒——朗姆酒的雏形就这样在巴巴多斯诞生了。经过不断改进酿造工艺,到 17 世纪末时,几乎整个新大陆都浸泡在朗姆酒中。朗姆酒甚至取代了水,成为水手们航行中的必需品,他们还在酒里掺入水、糖、酸橙汁或柠檬汁饮用,以对抗败血症。连英国皇家海军也将朗姆酒作为给海军官兵的配给品,而士兵们将它称为"纳尔逊之血",使它成了勇气的象征。

1581 年,尼德兰北部诸省成立联省共和国(荷兰)。这个后起之秀开始在全世界范围内争夺殖民地、扩张势力范围、开展贸易。1624 年,荷兰开始入侵萨尔瓦多等葡萄牙人在美洲的蔗糖产地。荷兰西印度公司也是靠打劫西班牙美洲船队起家的，并且在加勒比海夺取了一些产糖岛。

蔗糖挑起的"第零次世界大战"

进入 18 世纪，蔗糖在经济中所占据的地位，就如钢铁在 19 世纪，石油在 20 世纪所占据的地位一样（《拉丁美洲史稿》）。以蔗糖为代表的殖民地利益纷争，开始牵动乃至直接影响了欧洲宗主国之间的争端。

1756 年 4 月，法军在地中海的梅诺卡岛击溃了英军，1756—1763 年的七年战争爆发。这场战争看似是欧洲各国王权之间的斗争，实则是夺取世界殖民地势力范围的争霸。欧洲的主要强国均参与了这场战争，其影响覆盖了欧洲、北美、中美洲、西非海岸、印度和菲律宾群岛。战争最重要的战场不是在欧洲大陆，而是在美洲和大西洋。

战争的结果是，资本主义的英国战胜了封建主义的法国。法国虽然几乎丧失了新大陆，但是拼死保留了密西西比河西的新奥尔良和加勒比海上的瓜德罗普岛，因为这里密布着法国殖民者的甘蔗种植园。时至今日，新奥尔良的制糖工业仍在世界上名列前茅。

而夺得大量海外殖民地后，英国有了雄厚的资金、市场和原材料，为此刻正在萌芽的工业革命奠定了基础。源源不断的蔗糖从海外殖民地运回，变得越来越廉价，正好为那些在圈地运动中失去了土地的人们，提供了另一种更高效的热量来源。

不断向工业城市聚集讨生活的英国贫民们，喝不上牛奶、吃不上热饭，蔗糖就成了他们一日三餐必备的调味品，甚至取代了新鲜的肉、牛奶、黄油、奶酪与蔬菜，好让他们的体力尽快恢复，从而能够应付每天超过 14 小时的工厂劳作。廉价丰富的卡路里，是工业革命时代的另一种燃料。

同样也是在七年战争后，为了尽快弥补战争的损失，1764 年 4 月，英国国会通过了新的《食糖法案》，对外国糖的课税降低一半。早前，英属产糖岛出产的蔗糖，在价格上远高于法属西印度群岛的产品。英国政府于 1733 年颁布《糖蜜法案》，对蔗糖进口贸易征收重税。但北美殖民者要酿造

⊘ 甘蔗

选自《医学植物学》。

朗姆酒（以蔗糖为原料）出口，他们用贿赂海关官员和走私等手段来规避法案，导致英国关税流失严重。

新的《食糖法案》颁布后，税务人员从英帝国其他地区抽调而来，他们可从征集到的税款中取得佣金，作为自己的收入，这很快引起了当地人对新的税收体制的不满，最终成为美国独立战争爆发的导火索之一。美国第一任副总统、第二任总统约翰·亚当斯在 1775 年写道："蔗糖的问题是导致美国独立战争的重要因素，很多大事件都是由小因素导致的。"

这一场在蔗糖阴影下爆发的七年战争，刺激了法国大革命的爆发，推动了英国工业革命的兴起，改变了欧洲乃至世界的格局，变革了人类战争样式，并造成 140 万人的伤亡。100 多年后，温斯顿·丘吉尔回顾七年战争，称这才是真正的"第一次世界大战"。

苦涩的"东方甜岛"

从"福尔摩沙"到"东方甜岛"

蔗糖的战线还在往东方延伸。

1542 年（明嘉靖二十一年），一艘葡萄牙船在去往日本的航途中，经过一座地图上不存在的岛屿。船上的水手远望岛上树木青葱，风景如画，忍不住惊呼"ILHAFORMOSA"（即福尔摩沙岛）。 这是欧洲人首次见到中国台湾。葡萄牙人没能够从中国攫取这座美丽的岛屿，而是盘踞在了澳门。

1595 年，荷兰第一支远征队到达东方，并在 1607 年（明万历三十五年），从爪哇来澳门贩运茶叶，并转运至欧洲，让英国人从此喝到了和葡萄牙凯瑟琳公主一样的茶。喜欢在茶中加入蔗糖的英国人，也是由此加紧了在西印度群岛种甘蔗制糖的步伐。

从中尝到甜头的荷兰人，跟在西、葡两国身后，攻击、蚕食他们的殖民贸易点（在东方的殖民过程中，西班牙与荷兰还先后在菲律宾和印度尼西亚，和当地的华人糖商发生过多次大规模冲突）。1622 年，荷兰驻巴达

⊗ 台湾制糖工人与甘蔗

佚名。

维亚城总督柯恩，组建了一支15艘船组成的舰队，于6月22日袭击了澳门。在葡萄牙人的抵抗下，10月，荷兰人从澳门撤离前往澎湖筑城据守，并进犯福建沿海。

1623年（明天启三年）九月初五，明政府正式实行海禁，翌年五月收复澎湖。荷兰人被驱逐出澎湖后，退到台湾南部的大员（今安平），建起了热兰遮和赤崁城。荷兰人占据台湾南部后，便以此作为主要的贸易据点，积极开展亚洲贸易。

由于经过宋元两代的不断努力，在明嘉靖年间，中国发现了黄泥水淋脱色法，得到了真正雪白的"白糖"。而中国台湾是当时世界上最主要的产糖区之一，在中国东南沿海的贸易中，荷兰人接触到了大量物廉价美的中国蔗糖。

于是，荷兰人遂通过各种强制手段"收购"台湾蔗糖，以满足欧、亚市场的需求。为了得到更多的蔗糖供应，荷兰人还积极鼓励台湾人民种蔗制糖，引诱大陆农民到台湾开垦甘蔗园，并在福建、广东收购蔗糖，再通过台湾转运到其他市场。1650年（清顺治七年），台湾甘蔗园面积最高达到2928摩根（约2507公顷），中国台湾成为荷兰东印度公司最为重要的蔗糖供应地。曾经的"福尔摩沙"，逐步变成了"东方甜岛"。

蔗糖贸易的丰厚利润也吸引了郑成功。1659年（清顺治十六年），郑成功率军攻打南京，惨败而回，困守思明（厦门），粮草匮乏。加上1661年清政府命令东南沿海各省居民内迁30里至50里，郑氏集团已经难以得到海外贸易的补给。1662年（清康熙元年），郑成功率军收复台湾，结束了荷兰东印度公司在中国台湾的经营，这既是维护中国主权的战争，也是抢夺蔗糖资源的战争。

《马关条约》背后的夺糖之恨

对于荷兰东印度公司来说，除了欧洲市场之外，在亚洲市场，中国蔗糖尤其是台湾蔗糖，需求量最大的国家是日本。荷兰作为当时日本最为主要的蔗糖输入国之一，占输入日本蔗糖总量的绝大多数。1636年（明崇祯九年），台湾岛产出 12042 斤白糖、110461 斤黑糖，均由荷兰人送往日本。

明清时期，中国和日本的蔗糖价格之间存在着几十倍的差价。从荷兰人手中收回台湾后，郑氏集团也利用蔗糖换取日本的铜铸造铜钱，支持着自己的统治。根据日本的记录，1648 年到 1683 年，郑氏集团平均每年有 31 艘船前往日本进行蔗糖贸易。

1685 年（清康熙二十四年），康熙皇帝在攻克台湾两年后，也下令福建省筹备蔗糖，继续经营对日贸易。同年七月，13 艘清政府官船运载蔗糖赴日交易，这一趟出口，来回获利达到 10 倍以上。

因为爱吃甜食，日本在中日蔗糖贸易中吃了闷亏。历史上，鉴真和尚东渡时，为日本带去了最早的红糖（日本称"黑糖"）。从奈良时代到江户时代，日本也在陆续向中国学习制糖，但由于日本纬度偏高，能种甘蔗的地方不多，因此绝大多数的蔗糖消耗都需要依赖从中国进口。

根据日本的估算，从 1661 年（清顺治十八年）到 1708 年（清康熙四十七年），日本因与中国的蔗糖贸易流失了 1 亿多斤铜。1708 年，德川幕府终于承受不住铜钱流失的压力，正式向清政府提出贸易限制的要求。

为了扭转蔗糖导致的严重贸易逆差，德川幕府的八代将军德川吉宗，在日本大力推广甘蔗种植，但是只在赞岐、阿波等少数地区研制成功了"和三盆"砂糖。

而位于日本四岛最西的萨摩藩，早在 1609 年就染指琉球岛（即现日本冲绳岛），开始了对琉球岛的征服。在这里，萨摩藩发现琉球岛是种植甘蔗的好地方。尽管琉球岛出产的蔗糖比不上中国的精制白糖，只能出产粗制黑糖，但由于价格便宜，在日本国内的低端市场中仍有一席之地。凭借着琉球岛的蔗糖专卖的财政收入，萨摩藩抵抗着来自幕府的压力，最终在明治时期倒幕成功。

当日本经过维新走向崛起之后，仍难以忘记出产优质蔗糖的中国台湾。在 1868—1878 年，日本累计进口糖品约 2.8 亿公斤，其中"自中国输入者十之九，他国输入者十之一"。

1870 年，明治天皇建立新政府后两年，日本就迫不及待地派出军队侵

戊寅仲冬御筆
天恩南苑大閱紀事一律
晴和士挾纊非予恩也總
蹢飈阮匝還奇萬礮喧風日
看露布靖昆好齊以暇千伶
節候論便設軍容示西援
廿年一舉寧為數周禮分明

⊙ 《乾隆皇帝大阅图轴》

　　清 郎世宁。乾隆皇帝认为"骑射乃满洲之根本",所以他十分重视军队的建设,此图描绘的正是乾隆皇
帝亲临南苑检阅八旗将士的一次大阅兵,巡视八旗军的队列及各种兵器、火器的操练等活动。此时正值
清朝与西域的大小和卓兄弟交战之时,所以乾隆皇帝这次阅兵也暗含了向西域叛军炫耀大清军威严整之意。

袭台湾。1895 年在取得中日甲午战争胜利后，日本提出了割让中国台湾和澎湖的要求。同年 4 月 17 日，中国于 4 月 17 日被迫签订《马关条约》，"东方糖岛"终于沦陷于日本之手。

1898 年，日本内务大臣儿玉源太郎成为"台湾总督"。这位被称为"日清战争的萧何"上任之后，马上采取"武士刀加糖"的策略：一方面，在台湾大搞铁腕镇压；另一方面，大力拓展经济来源，其中最重要的经济政策就是发展台湾糖业。儿玉源太郎下令增加台湾种植甘蔗的面积，并制定了一系列促进台湾糖业发展的基本政策，鼓励日本国内的资本家到台湾去投资糖业。

在这个过程中，台湾的樟树为了制造樟脑丸而被砍伐殆尽，取而代之的是大片的甘蔗园。但台湾只能生产糖浆，运往日本本土精炼，再销往世界各地。当儿玉源太郎 1906 年正式卸任时，日本不仅不再从中国进口糖品，而且每年还出口蔗糖 70 多万石。1924 年，糖品在日本对中国出口商品中上升到第二位。到 1931 年，全日本蔗糖产量达 1925 万石，其中台湾产量高达 1600 万石——在长达半个世纪的殖民统治中，"东方甜岛"几乎被抽干了血液。

尾 章

1786 年，普鲁士国王腓特烈二世去世。同年，世界上第一个糖用甜菜品种在柏林近郊培育成功。没能赶上满世界占领殖民地种植甘蔗的普鲁士人，另辟蹊径地找到了吃糖的办法。此时，普鲁士已经是一个拥有近 20 万平方公里、500 多万人口的近代国家。这仿佛是一种预示，新的糖料作物中又将崛起一个新的欧洲强国。

人类对于甜味的嗜好，并不亚于对食盐的依赖。当文明的边界尚未冲撞在一起时，勇敢的人穿过地图上的迷雾，为了寻觅蔗糖的甜蜜，不同的智慧联结和碰撞，结出越来越纯洁的晶体。

但当蔗糖的力量不断积蓄时，最终诱导人类冲破了所有的地图迷雾。虽然诱发大航海最初幻想的是黄金、白银，但很快就在商船登陆之处都林立起了成片的甘蔗种植园。

甘蔗侵占着亚马孙的热带雨林和台湾的樟树林，改变着地球表面的地貌；糖浆和蔗糖占据海上航线，将人类的贸易编织成一张网。它一度竟是世界格局幕后的主宰，在它的掌心里，一些民族得以迈向崛起并参与霸权的争夺，一些国家和地区却被抽走土壤里的血液，甚至只能被迫建立以单一作物出口为主的经济体系。

有的人享用蔗糖带来的愉悦，也有人用自己的血泪滋润甘蔗林。它让数千万非洲黑奴的白骨埋葬于大西洋和美洲大陆，却又让英格兰的纺织工人在锅炉的蒸汽中苟延残喘，也让数以万计的华人华商血溅马来群岛，甚至还会变成侵略者手中的子弹……蔗糖的纯白里，透着斑斑血色。

在长达 5 个多世纪的时间里，蔗糖掌握着驱使人类命运的力量。时至今日，这种力量可能仍未消散。

百年『蜜战』

一场狂热和

作为人类最早能够利用的甜食之一，蜂蜜从石器时代开始，就是人们想方设法获取的重要食物，而且在不断地观察中学会了养蜂，并通过蜜蜂的养殖来进一步发展人类的农业。

但是，2020年的春天，旨在遏制新冠肺炎疫情的交通限制，却让许多蜜蜂错过了与农作物们的春天之约。这种特殊的应急状态，却突然帮助我们翻开了历史的一页：那些无法转场踏上"甜蜜之路"的蜜蜂，并不是土生土长的中华蜜蜂，而是在仅仅100多年前，远道而来、一度喧宾夺主的"洋蜂"。

这是一个有点寂静的春天。

随着时令上"冬九九"的终结，阳光回归的温暖已经让油菜绽出小黄花，开得遍野一片又一片金黄。不只是油菜，各种植物和农作物也已经开始迎来花期。但它们翘首等待的蜜蜂，却可能错过了2020年的约定。

往年此时，养蜂人老莫应该像他200个蜂箱中的蜜蜂一样忙碌起来。他和妻子应该来到四川成都附近，让蜂群利用油菜花做准备。但在2020年，因为新冠肺炎疫情的影响，让48岁的老莫只能待在四川最南端的攀枝花附

248

⊖ 《花卉蜂蝶图》

　　清 沈振麟。

　　近，尽力让他饲养的蜂群活下去。通行受限让养蜂人迎来了一个格外惨淡的春繁季，或由于缺乏蜜源，或因为得不到花蜜，蜜蜂们可能已经饿了好几周肚子，甚至还有性命之虞，并威胁养蜂人的生计。

　　每年生产约50万吨蜂蜜，约占全球产量1/4的世界最大蜂蜜生产地——中国，被疫情"蜇疼"了。有关部门针对特殊困难，已明确了一系列帮扶措施，"转场蜜蜂"也被纳入应急运输保障范围，"甜蜜之路"陆续畅通。

　　在中国总数高达900多万群的蜜蜂饲养量中，至少有1/3蜂群需要"转场"，即在不同季节前往不同地点"追花夺蜜"。而这些蜜蜂却并不是中国人自古以来饲养、不需要转场养殖的中华蜜蜂，而是人类养殖规模最大的意大利蜂。

　　尽管中国先民们自从战国时期就开始尝试养蜂，但意大利蜂占据大半"江山"却只有不到100年的时间，它们的到来还曾在中国引发了一场"蜜蜂狂热"。

一场由蜜蜂带来的神奇马戏

1913 年春季的一个晴朗日子，福州琅岐岛白云山北麓的天安寺内，一场犹如马戏的神奇表演，正在上演。院子里，一群个头异常大的蜜蜂仿佛能听懂人的指挥，群集在可以活动抽出的箱子里。这和当地人过去所知道的养蜂方式完全不同，参观者摩肩接踵，交口称奇。

数十万年前，在人类最初的食谱当中，提供能量的高热量甜食少之又少，而野生蜂蜜就成为人类最初最简单的美食体验之一。于是，原始人捣毁蜂巢，火烧成蜂，掠食蜂蜡、蜂子，以补充体力。

从采集发展到农业革命的人类，不会放过蜜蜂。在中国，原始的野外养蜂由战国时代开始萌芽。由"采集野蜂"发展到"驱蜂取蜜"，再发展到"原洞养蜂"。中国南方某些少数民族，至今还保留有原始的养蜂技术。到东汉时期，"原洞养蜂"已发展到将附有野生蜂窝的树干带回家中进行"移养"。只割蜜，不管理，蜜蜂还过着半野生生活。而从唐代开始，各类农书开始收编养蜂技术，养蜂开始成为中国农业中重要的组成部分。截至清末，全国饲养的中华蜜蜂约 20 万群，以浙江、福建、江苏、山东居多。

这场蜜蜂"马戏"的组织者，是福州仓前山天安小学的教师、清末福建闽侯秀才张品南。这个小学教员自从发现一群分群的蜜蜂飞到校长家落户后，突然对这种小小的生物发生了兴趣。他自荐收留饲养，并前往日本研究当时最时新的活框养蜂技术。

19 世纪时，人类对蜜蜂生活史和生物学特性有了基本认识，并逐步改进和掌握了蜂群的科学管理方法。活框蜂箱、蜂蜡巢础、摇蜜机以及科学育王法的发明和创造，养蜂业在全世界空前发展起来。

1896 年后，西方蜜蜂先后通过沙俄、日本、美国等途径，传入已经沦为半封建半殖民地社会的中国。在这些西方蜂种中，就包括了个体大、繁殖能力强、产蜜多的意大利蜜蜂。

而天安寺里展出的蜜蜂，正是张品南学成后，从日本购回的意蜂四群之一，以及新法蜂具。他也在自己的家乡闽侯，与人合营"三英蜂场"，闽侯县从此成了意蜂在中国的发源地之一。

这一次展出，被震惊的不仅是看热闹的群众，中国传统的古代养蜂方法，从此也受到了巨大的影响。

在华北，中国近代博物馆事业的开拓人严智怡，也于 1913 年，在巴拿马被意蜂吸引。5 年后，出任直隶省实业厅厅长的他，也特意演示了新法养蜂，并力主省农事试验场饲养意蜂。

在意蜂新法风气的吹拂下，2 年之后，新法"蜂"气在中国传开。江浙、河北等地风行引进意蜂，并试养、推广。

与此同时，新蜂种和新技术带来了新的生产力，"若用新法养蜂，普通中国蜂种一群，每年可得三十余斤的蜜，西洋蜂种可得六十余斤的蜜。每斤以四角计，前者可得十余元，后者可得二三十元"（徐绍华·《养蜂是农家的好副业·农话》，1929 年）。

这种强大的新生产力被"重新发现"和格外重视的背后，正是在清末民初期间对农业的重新认识。

"农业救国"与兴农运动

自 1840 年鸦片战争后五口通商，中国受列强侵略，国门一步步洞开，中国在军事、经济上一次次被打得头破血流。

在资本主义国家快速发展的背景下，旧中国的农业生产，无论是质量还是产量，在国际市场的竞争中都无法满足需求。特别是中国传统的优势贸易品——茶叶、丝绸等农产品都逐渐失去了优势地位。1878 年，印度大吉岭的英国茶园已经形成了规模。10 年后，英国从印度进口茶叶的数量超过了中国。中国对外贸易中传统农产品输出量减少，促使清末民初时期的政府寻求以增加畜产品出口来改变贸易入超的局面。

⊗ 《蜂王图》卷（节选）

北宋 赵昌。北京故宫博物院藏。

特别是 1895 年的中日甲午战争，中国的惨败也宣告了洋务运动的失败，过去 30 多年"师夷长技"而发展起来的工商业也受到了沉重的打击。那些开眼看世界的有识之士们意识到，农工商本是不可偏废的，在中国这样一个传统农业大国，农业的重要性是不言而喻的。因此，在引进西方科学技术时，农牧业也是其中的重要一环。

1896 年（清光绪二十二年）冬，为了改变中国农业落后的面貌，中国农学家、教育家、考古学家罗振玉和徐树兰等人在上海创办了农学会和《农学报》，传播新知、新论、新法，并且首倡引进国外先进畜种。由此，一场轰轰烈烈的兴农运动在近代中国掀起，并成为中国近代农业的起点。

在此过程中，许多农业畜牧界人士纷纷指出，通过改良中国禽品种的方式来达到发展畜牧业之目的。牛、马、鸡、羊等大量国外优良的畜禽品种被介绍或引进中国。1903 年（清光绪二十九年），清政府将养蜂法列为高等农工商实业学堂的教学内容。而小学教员张品南策划的那场"蜜蜂马戏表演"，正是兴农运动这一思潮下的现实一幕。

为国养蜂，"包治百病"

人们的目光关注到养蜂事业，除了畜牧领域品种改良的考虑之外，同时也受到了中国蔗糖产业衰弱的刺激。

作为一个有着悠久制糖史的国家，中国蔗糖一直是国际贸易中的佳品。尤其是纬度偏高的日本，由于能种甘蔗的地方不多，因此绝大多数的蔗糖消耗都需要依赖从中国进口。1868 年至 1878 年，日本进口的糖品中，由中国输入的占到 90% 左右。

然而，1895 年（清光绪二十一年）中日《马关条约》签订后，作为当时世界上最主要产糖区之一的台湾，落入日本之手。1898 年（清光绪二十四年），儿玉源太郎成为"台湾总督"后，大力发展台湾糖业，并鼓励日本国内资本家到台湾去投资。到 1906 年（清光绪三十二年）儿玉源太郎

◎ 翠嵌珠宝蜂纹耳环

清 铜镀金蜜蜂，碧玺、米珠、珍珠装饰，加之点翠。

卸任时，日本不仅不再从中国进口糖品，每年还出口蔗糖 70 多万石。1924 年，糖品在日本对中国出口商品中上升到第二位。

相反，由于帝国主义列强的经济侵略，中国民族工业始终无法茁壮成长，国内的制糖业"工业幼稚，制品又不精良"，根本难以与国外进口糖竞争。曾经产出世界上最优质白糖的国家，此时国内所需的糖却已经多半仰仗国外。1924 年，国外输入的糖量已达 900 万石，价值 1.2 万余元。

在忧国忧民的知识界学者们看来，养蜂是挽回利权的重要举措之一。如果养蜂业能够在中国的穷乡僻壤普及，产蜜量增多，价值自然可以下降到能够与蔗糖相等，如此，洋糖就"不抵制自抵制"了（张进修·《养蜂之研究·国际贸易导报》，1935 年）。

同样，在国外商品的大肆输入和国内动荡的局势下，中国农村普遍呈现出衰败的迹象；农村的崩溃一泻千里，都市剩余货物销路滞塞，已引起全国经济大恐慌，复兴农村也成为朝野之共识。而农村经济"开源节流"的各种方法中，养蜂被认为是"轻而易举、奏效迅速"的不二法门（杨白青·《新式养蜂与我国农村经济·浙江建设月刊》，1935 年）。

甚至于，针对国人一盘散沙之精神状态，学者们也希望通过普及养蜂来唤醒、培养国人的团队意识。养蜂，简直成了"包治百病"的神方。

无论是平津、江浙，还是广东、江西等地，新法养蜂如火如荼。1929年4月，著名的华北养蜂学会成立。1929年8月，江浙养蜂协会成立，同时设立蜂场、培养人才，改良蜂种、蜂具。政府、民间组织、知识界人士三股力量合力，共同致力于蜂业的推广普及。

这一切，在带来更多国人投入养蜂业的同时，也刺激到了逐利者。

一场"以国之名"的蜜蜂狂热

在社会各界人士的关注下，一倡百和，蜂之销路不胫而走，养蜂之势一日千里。

在南方，1923年，南京开始养蜂，全城不过20群左右；1929—1930年，城乡内外已发展到2000群以上。1928年，仅江浙两省合计意蜂在2万箱以上。在北方，1927年北伐战争后，京城百业凋敝，唯养蜂一业万众倾心。到1929年，仅北京附近和保定一带存蜂就达1.6万~1.7万群，占全国新法蜂业之大半。

当时，一个五框蜂群，售价从25元涨到40元，1930年涨到50元；一箱蜂，在日本售价几元钱，运到天津标价30~40元，转到北京就达到70~80元，再由北京卖到华北各地，又涨到100多元。据统计，1930年，仅日本向中国输入的意蜂就达到12.8万群，这一年从春天到秋天，由日本入天津之船，每隔两三天一次，几乎到了"无船不蜂"的地步。

然而，养蜂的虚假繁荣泡沫很快就被戳破了。蜂群的贩卖者唯利是图，完全不考虑蜂群是否良种，只求进价便宜，买蜂者也是只求能够更多地分群出售，这些劣质蜂种无比虚弱，一遇到气候不良，常遭覆顶之灾。大量蜂群的引进，造成美洲幼虫腐臭病流行，又加剧了蜂群的死亡损失。

除此之外，蜜蜂蜜源不足，转地受阻，也成为养蜂热迅速降温的因素。当时的中国还有许多村民对蜜蜂采花授粉尚且不知，反而认为蜜蜂是

⊘ 蜜蜂采蜜

　　选自《诗经名物图解》，细井徇绘。

农作物的虫害，在此期间，全国多次发生殴打蜂主、烧毁蜂群的恶性事件。1929 年，一家养蜂公司在浙江陈竹乡放蜂，结果被误会的村民烧毁了整整 700 箱意蜂。

转眼到了 1931 年春天，从海外引进的蜂群就无人问津了，价钱瞬间跌到每群 12 元至 20 元。北平城到处可见拍卖和扔弃的各种蜂具，巢箱甚至被改作垃圾箱。1933 年 6 月，曾经为推动养蜂作出贡献的华北养蜂协会也自然解体。

正当人们反思这一场狂热的时候，1937 年，北平城外的卢沟桥响起了枪炮声。中国各地蜂业从此被摧残殆尽。

中蜂与意蜂的"蜜战"

不过，在这一场养蜂狂热的灰烬中，意蜂和新法养蜂技术也普及了全国。1949 年 10 月，中国养蜂史翻开了崭新的一页。据 1949 年统计，全国中蜂、意蜂共 50 万群，年收购蜂蜜 8000 吨。

在全新的"甜蜜事业"中，意大利蜂仍然是养蜂业的主要组成部分。经过 20 世纪 60 年代与 80 年代的两次大发展，意蜂的饲养数量逐渐超过了中蜂。

中蜂产蜜能力虽然弱，但是适应能力强，养蜂过程中容易逃跑；意蜂个体大，繁殖能力强，产蜜能力强，但对环境要求高，难以在野外独自生存。中蜂一般可以同时采集多种花蜜；而意蜂，一般同时只采集大宗的单种花蜜。如果说到经济贡献，意蜂产蜜量更大。

但是，两种蜂却是死对头，两者混养甚至会发生盗蜜、盗蜂乃至"战争"的情况；意蜂的引进，也压缩了中蜂生存的空间，目前大部分中蜂只能栖息在深山老林。

2007 年 8 月，北京市蒲洼乡的老养殖户毛国金发现自己家的中蜂蜂王相继神秘猝死在蜂箱里。这次蜂王神秘死亡事件，引起了中国农科院蜜蜂所专家杨冠煌的注意。他发现，原来是附近饲养的意蜂飞到中蜂蜂巢门口，振动翅膀骗过守卫蜂闯入蜂巢后，四处寻找蜂王并将其蜇死，然后招来本群工蜂前来夺蜜，并摧毁了中蜂群。

当一个物种的数量降至原来数量的 10% 以下时，就可以被定义为有濒临灭绝的危险。在最"危急"的时刻，以全国养蜂大省浙江为例，2015 年以前，全省基本上饲养的都是意蜂，占蜂群的 90% 左右，中蜂占全省蜂群的 10% 左右。

中华蜜蜂的经济效益尽管没有意蜂高，但有着很重要的生态价值。当中蜂被西方蜜蜂取代时，会令多种植物的授粉受到影响，一些植物种类的种群数量减少直至灭绝，最终将导致当地植物多样性的减少。

不过，近年来，中蜂也得到了中国的重视，在浙江，现有 143.65 万箱蜜蜂左右。其中，意蜂数量是 100.37 万箱，中蜂饲养已上升到全省蜂群的 30% 左右。中国有 900 多万群蜂，其中有 600 万是意大利蜂。

2020 年，受新冠肺炎疫情的影响，也同样凸显了中国蜜蜂养殖成本高、抵抗风险能力弱的问题。蜂农追花逐蜜，抵御自然灾害和抵抗市场风险的能力较差。意蜂属转地放蜂，养蜂成本受运输、蔗糖成本影响大，农药中毒也时有发生。

联合国粮农组织的数据显示，占全球粮食消费 90% 的 100 种作物中，有 71 种依赖蜜蜂授粉，其中包括中国 85% 的水果。中国每年春耕生产的重要时节，那些需要授粉的农作物也在等待着和它们约好了的蜜蜂见面。

参 考 文 献

1. 张显运. 宋代畜牧业研究［M］. 北京：中国文史出版社，2009.

2. 张显运. 北宋官营牧羊业初探［J］. 辽宁大学学报，2008（05）.

3. 王尧. 北宋区域环境影响下的羊肉消费与供应［J］. 新余学院学报，2013（04）.

4. 王晓民. 宋代肉食品消费研究［D］. 西安：陕西师范大学，2013.

5. 徐旺生. 中国养猪史·明清时期的养猪业［J］. 猪业科学，2010（12）.

6. 刘朴兵. 从饮食文化的差异看唐宋社会变迁［J］. 史学月刊，2012（09）.

7. 徐旺生. 中国养猪史［M］. 北京：中国农业出版社，2009.

8. 黄宗智. 再论内卷化，兼论去内卷化［J］. 开放时代，2021（01）.

9. 谢成侠. 中国猪种的起源和进化史［J］. 中国农史，1992（02）.

10. 张仲葛，张晓岚，李锦钰. 中国猪的优良种性及其对世界养猪业的贡献［J］. 自然资源学报，1994（01）.

11. 张法瑞，柴福珍. 中国猪种外传和对世界猪种改良的影响［J］. 猪业科学，2013（07）.

12. 谭天星. 乾隆时期湖南关于推广双季稻的一场大论战［J］. 中国农史，1986（04）.

13. 蒋勤，高宇洲．清代石仓的地方市场与猪的养殖、流通与消费［J］．中国经济史研究，2019（03）．

14. 刘金源．农业革命与18世纪英国经济转型［J］．中国农史，2014（01）．

15. 王立贤，王立刚．生猪种业的昨天、今天和明天．http://www.zzj.moa.gov.cn/mhsh/202103/t20210317_6363881.htm.2021-03-17.

16. 王赛时．中国古代对野生动物的珍味选择［J］．饮食文化研究，2005（03）．

17. 刘菲．魏晋门阀士族：六代奢华，尽享极乐诱惑［J］．中华遗产，2016（02）．

18. 尹娜．两宋时期江南的瘟疫与社会控制［J］．首都师范大学学报，2009（06）．

19. 竺可桢．中国近五千年来气候变迁的初步研究［J］．考古学报，1972（01）．

20. 曾雄生．史学视野中的蔬菜与中国人的生活［J］．古今农业，2011（03）．

21. 王绍武，龚道溢．全新世几个特征时期的中国气温［J］．自然科学进展，2000（04）．

22. 赵经纬．元代的天灾状况及其影响［J］．河北师院学报，1994（03）．

23. 王培华．元代北方如何应对雪灾寒害．https://www.thepaper.cn/newsDetail_forward_1423474.2016-01-22.

24. 陈明．元代北方饥荒的时空分布特点及救荒措施［J］．古今农业，2001（04）．

25. 钱伶俐，惠富平．中国古代大白菜栽培与利用考述［J］．农业考古，2018（03）．

26. 党明丽．宋代植物油的种类［J］．食品安全导刊，2019（12）．

27. 陈振．宋史［M］．上海：上海人民出版社，2003．

28. ［日］佐伯富．中国文明的历史 6：宋之新文化［M］．成都：四川人民出版社，2021．

29. 梁庚尧．宋代科举社会［M］．上海：东方出版中心有限公司，2017．

30. 陈文华．豆腐起源于何时［J］．农业考古，1991（01）．

31. 杨坚．中国豆腐的起源与发展［J］．农业与饮食，2004（01）．

32. 孙机．豆腐问题．寻常的精致［M］．沈阳：辽宁教育出版社，1996．

33. 刘朴兵．"乳腐"与"豆腐"［J］．饮食文化研究，2005（03）．

34. 郭志涛．中华铁锅发展史［J］．新天地，2018（04）．

35. 邱庞同．炒法源流考述［J］．扬州大学烹饪学报，2003（01）．

36. 徐红．论北宋太平兴国五年进士的家世与仕途［J］．山西师大学报，2007（05）．

37. 张雅丽．唐宋时期素食习俗研究［D］．西安：陕西师范大学，2016．

38. 曾仰丰．中国盐政史［M］．北京：商务印书馆，1998．

39. 齐涛．论榷盐法的基本内涵［J］．盐业史研究，1997（03）．

40. 吉成名．唐代的盐业政策［J］．经济论坛，1995（24）．

41. 李青淼．唐代盐业地理［D］．北京：北京大学，2008．

42. 齐涛．中国古代经济、政治结构的变化与榷盐法的出现［J］．盐业史研究，1992（01）．

43. 李志贤．两税法非为党争之产物——从肃、代二朝财政改革对推行两税法的意义谈起［J］．中国经济史研究，2001（04）．

44. 吉成名．唐代盐业政策演变三阶段论［J］．盐业史研究，2000（01）．

45. 史继刚．中国古代私盐的产生和发展［J］．盐业史研究，2003（04）．

46. 陈学英．浅谈唐后期私盐问题出现的根源和影响［J］．西北民族大学学报，2005（05）.

47. 齐涛. 论榷盐制度对唐代社会的影响［J］. 盐业史研究，1990（01）.

48. 吉成名. 论唐代盐业政策与王朝的兴衰［J］. 河北学刊，1996（03）.

49. 冯红. 基于榷盐制度的宋代国富论与民富论探析［J］. 河北大学学报，2012（04）.

50. 季羡林. 白糖问题［J］. 历史研究，1995（01）.

51. 季羡林. 唐太宗与摩揭陀——唐代印度制糖术传入中国问题［J］. 文献，1988（02）.

52. 阴松生. 王玄策出使印度－尼泊尔诸问题，新疆哲学社会科学网，2010-06-17.

53. 李治寰. 唐代引进印度制沙糖法考证［J］. 中国科技史杂志，2010（02）.

54. 冷东. 中国制糖业在日本［J］. 学术研究，1999（01）.

55. 厉益. 1602—1740年荷兰东印度公司蔗糖贸易研究［D］. 金华：浙江师范大学，2012.

56. ［日］川北稔. 砂糖的世界史［M］. 天津：百花文艺出版社，2007.

57. ［英］莉齐·克林汉姆. 饥饿帝国：食物塑造现代世界［M］. 北京：北京联合出版有限公司，2018.

58. 刘英. 中国古代作物油料研究［D］. 咸阳：西北农林科技大学，2009.

59. 宋宇. 中国古代油料与油脂研究综述［J］. 农业考古，2020（01）.

60. 王星光，宋宇. 魏晋至隋唐时期油脂生产与应用探研［J］. 中国农史，2017（04）.

61. 党明丽. 宋代的饮食与植物油［J］. 科教导刊（中旬刊），2019

（17）.

62. 邰俊斌. 论三国时期的火攻［J］. 兰台世界, 2015（15）.

63. 游修龄. 说不清的花生问题［J］. 中国农史, 1997（04）.

64. 王在序, 毛兴文, 于善新. 山东花生栽培历史及其发展的探讨［J］. 中国农史, 1987（04）.

65. 王传堂. 美国大花生传入山东的考证［J］. 中国农史, 2015（02）.

66. 毛兴文. 山东花生引种栽培小考［J］. 春秋, 2012（06）.

67. 王妍红. 近代美国北长老会在山东活动的历史考察［D］. 济南: 山东师范大学, 2009.

68. 陈凤良, 李令福. 清代花生在山东省的引种与发展［J］. 中国农史, 1994（02）.

69. 王宝卿, 王思明. 花生的传入、传播及其影响研究［J］. 中国农史, 2005（01）.

70. 王宝卿. 明清以来山东种植结构变迁及其影响研究［D］. 南京: 南京农业大学, 2006.

71. 张慢慢. 近代青岛港对日农产品出口研究［D］. 青岛: 中国海洋大学, 2015.

72. 魏娅娅. 试论中国近代植物油出口贸易对社会经济的促进作用［J］. 中国社会经济史研究, 1989（04）.

73. 陈冬生. 近代山东经济作物的引种与发展［J］. 古今农业, 1999（02）.

74. 陈为忠. 近代华北花生的运销体系（1908—1937）［J］. 中国历史地理论丛, 2003（01）.

75. 武琦. 青岛取引所研究（1920—1938）［D］. 武汉: 华中师范大学, 2020.

76. 赵善轩, 李新华. 重评“大明宝钞”［J］. 江西师范大学学报, 2005（01）.

77. 刘光临. 明代通货问题研究——对明代货币经济规模和结构的初步估计［J］. 中国经济史研究, 2011（01）.

78. 田汝康. 郑和海外航行与胡椒运销［J］. 上海大学学报, 1985（02）.

79. 李日强. 胡椒贸易与明代日常生活［J］. 云南社会科学, 2010（01）.

80. 吴梦婷. 从"香药"到"香料"——胡椒与明代中国社会［D］. 厦门: 厦门大学, 2018.

81. 涂丹. 东南亚胡椒与明代社会经济［J］. 江西社会科学, 2019（03）.

82. 赵志浩. 明代田赋"征银"对社会变迁的影响［J］. 衡阳师范学院学报, 2017（04）.

83. 韩朝. "贸易—食品—文化"革命: 辣椒在中国的引种图式［J］. 闽商文化研究, 2015（02）.

84. 蒋慕东, 王思明. 辣椒在中国的传播及其影响［J］. 中国农史, 2005（02）.

85. 胡乂尹. 明清民国时期辣椒在中国的引种传播研究［D］. 南京: 南京农业大学, 2014.

86. 赵林. 大航海时代的中西文明分野［J］. 天津社会科学, 2013（03）.

87. 丁厚雷. 明代海禁政策下的中国海外贸易［J］. 河南科技大学学报, 2009（04）.

88. 潘洪岩, 张柳. 基于路径依赖视角分析明代朝贡贸易［J］. 经济师, 2017（10）.

89. 田力. 明清时期宁波的对外交往［N］. 宁波晚报, 2019-01-15（A6）.

90. 韩旭. 中国茶叶种植地域的历史变迁研究［D］. 杭州: 浙江大学, 2013.

91. 宋时磊. 唐代茶叶及茶文化向边疆塞外的传播［J］. 人文论丛, 2016（02）.

92. 张晓菊. 论唐代茶业政策对其经济和文化发展的影响［D］. 广州: 华南农业大学, 2016.

93. 郭丽. 宋与周边少数民族茶叶贸易［D］. 济南: 山东师范大学, 2013.

94. 张家琪. 唐宋时期农牧关系与茶马贸易的兴起及发展［D］. 咸阳: 西北农林科技大学, 2016.

95. 邓前程. 从自由互市到政府控驭: 唐宋明时期汉藏茶马贸易的功能变异［J］. 思想战线, 2005（03）.

96. 王晓燕. 明代官营茶马贸易体制的衰落及原因［J］. 民族研究, 2001（05）.

97. ［德］贡德·弗兰克. 白银资本: 重视经济全球化中的东方［M］. 刘北成译. 成都: 四川人民出版社, 2017.

98. 周重林, 太俊林. 茶叶战争: 茶叶与天朝的兴衰［M］. 武汉: 华中科技大学出版社, 2012.

99. 庄国土. 茶叶、白银和鸦片:1750—1840 年中西贸易结构［J］. 中国经济史研究, 1995（03）.

100. 仲伟民. 茶叶与鸦片: 十九世纪经济全球化中的中国［M］. 北京: 生活·读书·新知三联书店, 2010.

101. 连东. 中国、印度与东南亚之间的鸦片"三角贸易"研究［D］. 石家庄: 河北师范大学, 2011.

102. 高元武. 罂粟种植对近代福建茶叶经济的影响［J］. 兰台世界, 2015（31）.

103. 李永桂. 养蜂史考略［J］. 四川畜牧兽医, 1991（04）.

104. 杨淑培, 吴正铠. 中国养蜂大事记［J］. 古今农业. 1994 (04).

105. 杨淑培, 吴正铠. 中国近代养蜂史刍议［J］. 中国农史. 1991(01).

106. 张杰．民国蜂业探析（1912—1937）［J］．古今农业．2015(02).

107. 王利华．晚清兴农运动述评［J］．古今农业．1991(03).

108. 施金虎，杨金勇，李奎，郑火青．浙江省蜂产业发展情况分析与建议［J］．中国蜂业，2019（12）．

109. 钱炜．蜜蜂战争［J］．中国新闻周刊，2013（34）．